高等院校"十三五"应用型艺术设计教育系列规划教材

家具材料

刘 谊 编著

合肥工业大学出版社

图书在版编目(CIP)数据

家具材料/刘谊编著. —合肥:合肥工业大学出版社,2017.9
ISBN 978 - 7 - 5650 - 2987 - 5

Ⅰ.①家…　Ⅱ.①刘…　Ⅲ.①家具材料—高等职业教育—教材　Ⅳ.①TS664.02

中国版本图书馆 CIP 数据核字(2016)第 221507 号

家 具 材 料

刘　谊　编著　　　　　　　　　　　责任编辑　王　磊

出　版	合肥工业大学出版社	版　次	2017 年 9 月第 1 版
地　址	合肥市屯溪路 193 号	印　次	2017 年 9 月第 1 次印刷
邮　编	230009	开　本	889 毫米×1194 毫米　1/16
电　话	艺术编辑部:0551 - 62903120	印　张	16.25
	市场营销部:0551 - 62903198	字　数	377 千字
网　址	www.hfutpress.com.cn	印　刷	安徽联众印刷有限公司
E-mail	hfutpress@163.com	发　行	全国新华书店

ISBN 978 - 7 - 5650 - 2987 - 5　　　　　　　　定价:98.00 元

前言

　　《家具材料》是与家具设计、家具生产技术等课程配套的专用教材，是我国第一部家具材料课程的项目化教材，是家具设计与制造专业、雕刻艺术与家具设计专业的核心课程。

　　为适应我国高职教育人才培养的需要，《家具材料》在编写时，以提高学生职业能力为核心，以职业岗位需求为导向，以技术应用能力、自主学习能力、创新能力以及综合职业素质培养为目标构建课程标准；以典型的实训任务为载体，以学生为主体，以能力为本位，重新构建教材内容。以认识材料为基础，认知材料为关键，使用材料为重点的原则，编写了这部《家具材料》项目化教材。

　　本部教材采用"模块—项目—任务"的体例编写，内容共分五个教学模块、十一个项目、十四个实训任务。内容包含了常用的主要的家具材料：木材、人造板材、饰面材料、封边材料、五金配件、油漆涂料、胶料与辅料等，也包括了石材、玻璃、布艺、皮革、金属等相关材料。每一个实训任务分为：任务描述、学习目标、任务分析、知识要点、任务实施、知识拓展、巩固练习等七部分编写，任务描述主要对该任务实施的地位、作用及意义进行分析。学习目标介绍了该任务应达到的知识目标、能力目标。任务分析对该任务的课时安排、知识准备、任务重点、任务难点、任务目标、任务考核等进行了详细的规划，知识要点是任务实施的理论基础，也是理论教学的重点。任务实施从任务准备、任务实施、成果提交及任务考核等方面进行了全面的规划与布置。每一任务的设置目标明确、重点突出，实用且可操作性强。知识拓展主要介绍与项目、任务相关的一些知识内容，包括一些前沿的科技知识。巩固练习主要以练习题的形式编写，有利于学生复习巩固所学的专业知识。本教材图文并茂、条理简洁清晰。本教材内容丰富，可操作性强，语言简练明晰，并充分融入了新理念、新成果、新技术、新规程。

本部教材内容源于企业又高于企业，具有职业性、实用性、区域性、创新性和指导性，真正做到了"任务驱动、理实结合、教学做一体化"，符合现代职业教育的特点和要求。本教材主要供家具设计与制造专业、雕刻艺术与家具设计专业、室内设计专业、工业设计专业的学生和教师使用，同时也适合家具企业技术人员参考阅读。

本书由湖北生态工程职业技术学院刘谊编著。本书的编写与出版，承蒙兄弟院校的关心与支持，承蒙湖北生态工程职业技术学院众多教师的协助与参与，在此，向所有关心、支持和帮助该书出版的单位和个人表示最诚挚的感谢！

由于作者水平有限，书中难免有一些不足之处，敬请广大读者予以批评指正。

编者

2017 年 6 月

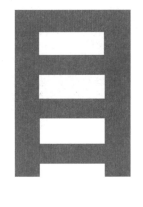

1

模块一　木　材

项目一　木材的特性与识别

任务一　木材的分类与宏观识别

一、任务描述

木材分为针叶材和阔叶材，它是生产木质家具和人造板的主要材料。木材的识别主要通过木材的宏观构造和微观构造进行鉴别。用肉眼或放大镜所观察到的木材构造特征，为木材的宏观构造特征；在显微镜下观察到的木材构造特征，为木材的微观构造特征。通过该任务的实施，使学生能够掌握木材的性能特点和宏观构造，具有识别木材、选用木材的专业技能。

二、学习目标

知识目标：

（1）掌握木材宏观构造的基本知识。

（2）具有分析木材性能特点的专业知识。

能力目标：

（1）能够正确识别20种常用木材，具有合理使用木材的专业能力。

（2）能够正确描述木材的宏观构造与性能特点。

三、任务分析

课时安排：4学时。

知识准备：木材的分类与性质、木材的宏观构造与识别、木材的选择与使用。

任务重点：木材的宏观识别。

任务难点：木材的宏观构造与识别。

任务目标：能准确观察木材的外观特性，正确对木材进行分类与识别，正确分析该木材的性能特点。

任务考核：分木材的识别和特性描述两部分考核，各记 50 分。提供 20 种木材，识别正确 12 种以上记为合格，木材特性描述准确率 60% 以上记为合格。

四、知识要点

（一）木材宏观构造

1. 木材的分类

木材既具有质轻高强、易于加工、冬暖夏凉等优异的实用性，也具有纹理美观、色泽悦目等突出的装饰性，还具有天然、健康无污染的环保性，一直以来都是实木家具生产的主要材料。

木材种类繁多，构造复杂且差异性大，通常将其分为针叶材和阔叶材两大类。

针叶材：一般树叶细长，呈针状，多为常绿树种，称为针叶材。针叶材具有生长较快、材质较软、纹理顺直、表观密度较小、耐腐蚀性强、胀缩性小的特点。针叶材树干高大通直。常见的树种有：杉木（云杉和冷杉）、松木（马尾松、红松、湿地松、樟子松）、银杏、柏木等四类。广泛用于建筑、园林、人造板制造、家具制造等。

阔叶材：一般树叶宽大，叶脉呈网状，大多为落叶树种，如柞木、水曲柳、香樟、檫木及各种桦木、楠木和杨木等，称为阔叶树材。阔叶材一般具有表观密度大、材质较硬、胀缩变形大、易开裂的特点。常用于制造实木家具和承重木质构件。常见的树种有：水曲柳、榉木、樱桃木、桦木、梓木、榆木、楸木、胡桃木、橡木、柚木、紫檀木、花梨木等。

2. 木材的宏观构造与微观构造

木材属于天然生长的材料，不同的树种差异性大，同一树种，由于生长环境的不同，也会存在差异性。木材主要是通过其宏观构造和微观构造来进行识别与鉴定。

宏观构造是指用肉眼或放大镜所观察到的木材构造特征，其研究内容主要包括以下几方面：

（1）树皮的特征：包括树皮的颜色、形态、厚度、断面结构和质地等。

（2）主要宏观特征：包括心材和边材、生长轮、早材和晚材、管孔、木射线、轴向薄壁组织、胞间道及髓斑和色斑等。此特征一般比较稳定，应该重点掌握。

（3）一些物理特征：包括木材的颜色、光泽、纹理、花纹、结构、材表、气味、滋味、轻重和软硬等。

微观构造主要是通过光学显微镜，所观察到的木材的构造等。其研究的主要内容包括以下几个方面：

（1）细胞的构造与排列：木材由无数管状细胞紧密结合而成，这些管状细胞绝大部分纵向排列，少数横向排列。每个细胞由细胞壁和细胞腔两部分组成，细胞壁是由细纤维组成，各细纤维间有微小的空隙，能吸附和渗透水分，且细纤维的纵向连接比横向牢固，所以宏观表现为木材沿不同方向受力时强度不同，即木材的各向异性性质。另外，木材的细胞壁愈厚，细胞腔就越小，细胞就越致密，宏观表现为木材的表观密度和强度也越大，但同时，细胞壁吸附水分的能力也越强，宏观表现为湿胀干缩性也越大。

（2）木材的管胞、导管、木纤维、髓线等：树种不同，其细胞组成也不同。针叶树的微观构造简单而规则，主要有管胞和髓线组成，其髓线较细且不明显，某些树种在管胞间还有树脂道，用来储藏树脂，如马尾松。阔叶树的微观构造较复杂，主要有导道、木纤维及髓线等组成，其髓线很发达，粗大而明显。

在实际生产过程中，主要通过木材的宏观构造予以识别，所以这里主要介绍木材的宏观构造特性。

3. 木材的三个切面

木材和金属材料不一样，具有各向异性（即不同的方向木材具有不同的性质），要全面、正确地了解木材的细胞或组织所形成的各种构造特征，就必须通过木材的三个切面来观察。木材的三个标准切面是：横切面、径切面和弦切面，如图 1-1 所示。

横切面：与树干主轴或木材纹理成垂直的切面，即树干的端面或横端面。由于木材的横切面与木纤维方向垂直，刨削加工性较差，木材抗压强度大。

横切面表观特性：在这个切面上，可以清楚看到木材的年轮，木材中的各种纵向细胞或组织，如管胞、导管、木纤维和轴向薄壁组织的横断面形态及分布规律都能反映出来；横向细胞或组织，如木射线的宽度、长度等的特征，亦能清楚地反映出来。

径切面：与树干主轴或木材纹理方向（通过髓心）相平行的切面。在制材工艺中，将板宽面与生长轮之间的夹角在 45°～90°的板材，称为径切板，如图 1-2 所示。由于径切面纹理直，径切板具有易加工、刨削性能优异、不易翘曲变形、板材收缩性较小的特点。

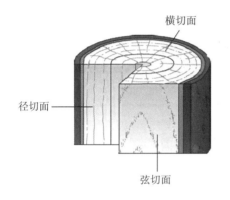

图 1-1 木材的三个切面图

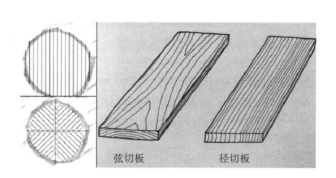

图 1-2 木材的径切与弦切

径切面表观特性：在径切面上，木材的纹理显现出"直纹"特性，能显露纵向细胞（导管）的长度和宽度及横向组织（木射线）的长度和高度。

弦切面：与树干主轴或木材纹理方向（不通过髓心）平行并与木射线成垂直的切面。在制材工艺中，将板宽面与生长轮之间的夹角在 0°～45°的板材，称为弦切板。弦切板由于年轮的差异性，易产生起拱变形。

弦切面表观特性：在弦切面上，木材的纹理显现出"山纹"形状（或 V 纹），能显露纵向细胞（导管）的长度和宽度及横向细胞或组织（木射线）的高度和宽度。

4. 木材的宏观构造

树干是树木的主要和中间部分，是木材的主要来源。树干由树皮、形成层、木质部和髓心四部分构成。如图 1-3 所示。

年轮（生长轮）：年轮是温带树木在（直径）生长过程中，由于气候交替的明显变化而形成的轮状结构。亦是形成层向内分生的一层次生木质部，围绕着髓心构成的同心圆。

年轮是树木生长整个生命过程的反映，研究年轮在林业生产、材质评估利用和古气候分析等

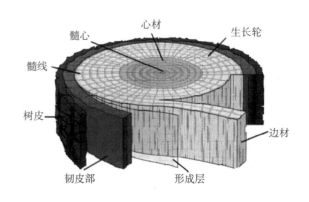

图 1-3 木材的构成

科学方面有重要的价值。

（1）林业生产上，根据近根基年轮的数目，可以推算树木的近似年龄。在生长过程中，外界条件（气候变化）对年轮宽窄有很大的影响，科学研究上有一定的价值。

（2）可以反映树木的生长速度，对同一树种来说，能够判断其对环境的适应程度。

（3）单位厘米内年轮数目是估测木材物理力学性质的依据之一。在利用上年轮可以大体判断木材的质量，即木材物理、力学性质的好坏。某些特殊用材，对每厘米的年轮个数都有一定的要求，如做提琴用的马尾松材，要求每厘米4～6个左右的年轮。一般来说，针叶材年轮宽度均匀者，强度高；环孔材年轮宽者，强度大。

（4）年轮宽窄、明显度、形态是识别木材的重要依据之一。

（5）年轮宽度能够估测历史上气候的变化（树木年代学——古树研究）。

（6）年轮内木材化学成分分析可监测大气污染程度、污染源种类等。

早、晚材：每一年轮是由两部分木材组成。树干中靠近髓心一侧，树木每年生长季节早期形成的一部分木材称为早材；而靠近树皮一侧，树木每年生长后期形成的一部分木材称为晚材。如图1-4所示。

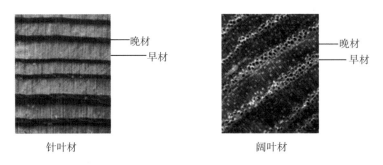

图1-4　年轮内的早材和晚材

树皮：包裹在树木的干、枝、根次生木质部外侧的全部组织统称为树皮。树皮包括表皮、周皮、皮层和韧皮部等部分。

形成层：形成层位于树皮和木质部之间，是包裹着整个树干、树枝和树根的一个连续的鞘状层。通常，形成层只有1列细胞层，其细胞特点是它具有反复分生能力；生长季节，形成层向外分生新的次生韧皮部细胞，向内分生新的次生木质部细胞，是树皮和木质部产生的源泉。

木质部：木质部位于形成层和髓之间，是树干的主要部分。初生木质部占很小一部分，在髓的周围。次生木质部来源于形成层的逐年分裂，占绝大部分，是木材的主体，加工利用的木材就是这一部分。木质部有心材和边材之分。

心材与边材：从木材外表颜色来看，横切面和径切面上木材颜色有深有浅，有些树种材的颜色深浅是均匀一致。一些树种树干的外围部位，水分较多，细胞仍然生活，颜色较浅的木材称为边材。而一些树种的树干中心部位，水分较少，细胞已死亡，颜色比较深的木材称为心材。

髓心：俗称树心，位于树干（横切面）的中央，也有偏离中央的。颜色较深或浅，质地松软。它和第一年生的木材构成髓心。

髓线：木材横切面上可以看到一些颜色较浅或略带有光泽的线条，它们沿着半径方向呈辐射状穿过年轮，这些线条称为木射线。

管孔：阔叶材的导管在横切面上呈孔状称为管孔。导管是阔叶树材的轴向输导组织，在纵切面上呈沟槽状。有无管孔是区别阔叶树材和针叶树材的首要特征。如图1-5所示。

按照木材管孔的分布，可将木材分为环孔材、散孔材和半环孔材，如图1-6所示。

无孔材（针叶材）　　　　　　无孔材（阔叶材）　　　　　　有孔材（阔叶材）

图 1-5　纵切面上木材的管孔

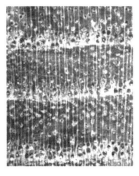　　

环孔材（檫木）　　　　　　散孔材（马占相思）　　　　　半环孔材（黄杞）

图 1-6　横切面上木材管孔的分布类型

胞间道：胞间道是由分泌细胞环绕而成长度不定的管状细胞间隙，针叶材中，贮藏树脂的胞间道叫树脂道；在阔叶树材中贮藏树胶的胞间道叫树胶道。

树脂道：树脂道是针叶材中长度不定的细胞间隙，其边缘为分泌树脂的薄壁细胞，贮藏树脂。由于树脂道是在秋季形成，因而木材横切面上树脂道在年轮内多见于晚材或晚材附近部分，呈白色或浅色的小点，大的如针孔，小的须在放大镜下见到。纵切面上呈深色或褐色的沟槽或细线条。根据树脂道树干中的分布，树脂道分为轴向树脂道和横向树脂道。如图 1-7 所示。

树胶道：某些阔叶材胞间道（较树脂道小难见）内含有树胶、油类等胶状物称为树胶道。树胶道和树脂道一样也有纵向树胶道和横向树胶道两种。如图 1-8 所示。

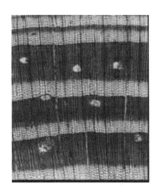　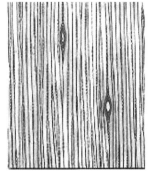　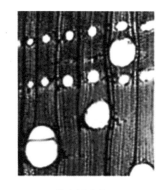　

轴向树脂道　　　　　　横向树脂道　　　　　　横向树胶道　　　　　　纵向树胶道

图 1-7　针叶材树脂道　　　　　　　　　　　　　图 1-8　树胶道

轴向薄壁组织：轴向薄壁组织是由形成层纺锤状原始细胞分裂所形成的薄壁细胞群，也就是纵向排列的薄壁细胞所构成的组织。树木进化程度高的树种含有较多的轴向薄壁细胞。这类细胞腔大、壁薄，横切面上可见其材色较周围的稍浅，如用水湿润后则更加明显。具发达轴向薄壁组织的树种，肉眼下很容易与其他组织区别开来。

针叶材的薄壁组织不发达（1%）或根本没有，在肉眼或放大镜下不易辨别。仅在少数树种如杉木、陆均松、柏木、冷杉、罗汉松等中存在。此项在针叶树木材识别时可不考虑。

阔叶材薄壁组织比较发达，约占木材体积的 2%～15%。它的分布类型很多，有一定的规律。它的清晰度和分布类型是识别阔叶材的重要特征。

（二）木材的性质

木材的性质主要研究：木材的装饰性、木材的化学性质、木材的物理性质、木材的力学性质等。

1. 木材的装饰性质

木材的装饰性质主要包括纹理、孔隙、颜色、光泽及表面造型等。

（1）木材的颜色

木材是细胞壁构成的，而构成细胞壁的主体纤维素本身是无色、无味的物质，只是由于色素、单宁、树脂和树胶等内含物沉积于木材细胞腔，并渗透到细胞壁中，使木材呈现出各种颜色。

木材的颜色反映了树种的特征，是木材识别和木材利用的重要依据之一。如松木为鹅黄色至略带红褐色；紫杉为紫红色；桧木为鲜红色略带褐色；楝木为浅红褐色；香椿为鲜红褐色；漆木为黄绿色；刺槐为黄色至黄褐色；云杉、杨木为白色至黄白色等。

（2）木材的纹理

纹理是构成木材的纤维、导管、管胞等主要细胞，随着排列方向的不同，而形成不同的纹理。其大致可以分为如下四种：

直纹理：直纹理和树干的长轴相平行，平直光滑。木材强度高，易加工。如红松、杉木和榆木等，这类木材强度高、易加工，但花纹简单。

斜纹理：斜纹理和树干的长轴不平行，扭转成一定的角度。木材表面不光滑，强度低，不易加工。如圆柏、枫香和香樟等。

交错纹理：交错纹理和树干的长轴成相反方向有规律地旋转生长等。木材表面易起毛刺，强度低，不易加工。如海棠木、人叫桉和母生等。交错纹理和斜纹理木材会降低木材的强度，也不易加工，刨削面不光滑，容易起毛刺。

波状纹理：波状纹理和树干的长轴呈波浪状。木材表面不光滑，强度低，不易加工。

（3）木材的花纹

木材的花纹是指木材表面因年轮、木射线、轴向薄壁组织、木节、树瘤、纹理、材色以及锯切方向不同等而产生的种种美丽的图案。如图 1-9 所示。有花纹的木材可作各种装饰材，使木制品美观华丽，使木材可以劣材优用。

不同树种木材的花纹不同，对识别木材有一定的帮助。例如：由于年轮内早晚材带管孔的大小不同或材色不同，在木材的弦切面上形成抛物线花纹，如酸枣、山槐等；由于宽木射线斑纹受反射光的影响在弦切面上形成的银光花纹，如栎木、水青冈等；原木局部的凹陷形成近似鸟眼的圆锥形，称为鸟眼花纹；由于树木的休眠芽受伤或其他原因不再发育，或由病菌寄生在树干上形成木质曲折交织的圆球形凸出物，称为树瘤花纹，如桦木、桃木、柳木、悬铃木和榆木等；由于木材细胞排列相互成一定角度，形成近似鱼骨状的鱼骨花纹；由具有波浪状或皱状纹斑而形成的虎皮花纹，如槭木等；由于木材中的色素

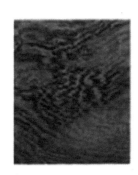

图1-9　木材的花纹

物质分布不均匀，在木材上形成许多颜色不同的带状花纹，如香樟等。

（4）木材的孔隙

木材是植物纤维材料，既有传送养分、水分的导管孔，也有细胞腔加工后留下的凹陷孔隙，还有加工过程中产生的凹陷孔隙等。利用木材的这些孔隙特性，油漆涂饰时采用开孔涂饰、半开孔涂饰、闭孔涂饰等工艺，可以表现不同质地的涂装效果。

开孔涂饰：油漆涂饰时，木材表面不作填孔处理，油漆渗透至孔隙内，形成凹凸不平的表面装饰效果。开孔涂饰更能表现木材的质感和木材的真实感，一般只能是亚光或半亚涂饰效果，是一种高端的现代的油漆涂饰工艺。

闭孔涂饰：油漆涂饰时，木材表面作填空处理，将木材表面的孔隙完全封闭，形成光滑平整的表面装饰效果。闭孔涂饰只能表现木材的纹理，是一种传统的油漆涂饰工艺，可以得到亮光、亚光、半亚等多种光泽效果。

半开孔涂饰：油漆涂饰时，木材表面作不完全封闭表面空隙的填空处理，形成平整且现凸凹孔隙的表面装饰效果。半开孔介于开孔涂饰与闭孔涂饰之间，木材表面的纹理、纹孔均能得以表现，可以得到亚光、半亚的光泽效果。

（5）光泽

木材的光泽是指其表面反射光线的特性。反射性强，表现出的光泽度较高。质地坚硬的木材，由于其密度高，打磨后反射光线能力较强，光泽度好。如紫檀、乌木等。

木材表面经过油漆涂饰，可以获得高光（亮光）、半亚、亚光等多种光泽效果。

亮光：亮光装饰是采用亮光漆涂饰的效果。涂饰工艺过程中基材必须填孔，使其平整光滑，漆膜达到一定厚度，有利于光线反射。亮光装饰漆膜丰满，雍容华贵。传统概念中，家具漆膜曾以越亮越好，但根据人类工效学研究，漆膜越亮越不利于视觉休息，因此现代家具涂饰多采用亚光装饰，一些国家或地区甚至采用$10\%\sim30\%$的亚光装饰，几乎没有光泽。

亚光：是相对亮光而言，亚光装饰是采用亚光漆涂饰的效果，漆膜具有较低的光泽。选用不同的亚光漆可以做成不同光泽（全亚、半亚）的亚光效果。一般亚光漆膜较薄，自然真实、质朴秀丽、安详宁静。亚光涂饰有利于视觉保护，是现代家具表面涂饰的主流方向。

半亚：介于亮光和亚光之间的装饰效果，称为半亚或半光，哑光漆和亮光漆按比例混合后涂饰，即可得到半亚的装饰效果。根据混合的比例不同，可以得到4分亚、5分亚、6分亚等多种亚光效果。

（6）表面形状

木材加工性优异，通过铣削、雕刻等工艺，可以使木材具有造型丰富的边形和表面造型。

边形：木材侧边经铣削加工所得到的边部造型。边形使家具部件变得层次丰富，过渡柔和，装饰效果好。

表面造型：木材表面经雕刻或铣削加工所得到的装饰造型图案。家具木材表面的造型装饰图案，更能体现家具的风格与格调，提升家具的档次，是高端实木家具理想的表面装饰手法。

2. 木材的化学性质

木材为天然有机纤维材料，其主要成分是：碳（C）49%～50%，氢（H）6%，氧（O）45%～50%，氮（N）0.1%～1%。灰分中主要含有钙、钾、镁、钠、锰、铁、磷、硫等，有些热带的木材中还含有较多的硅。木材的化学构成如图 1-10 所示。

纤维素：是由葡萄糖组成的大分子多糖，是植物细胞壁的主要成分。不溶于水及一般有机溶剂。是植物细胞壁的主要成分。一般木材中，纤维素占 40%～50%，纤维素是植物细胞壁的主要结构成分，通常与半纤维素、果胶和木质素结合在一起。

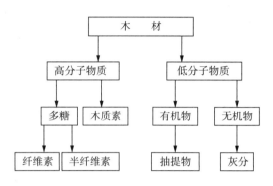

图 1-10　木材的化学组成

半纤维素：是由几种不同类型的单糖构成的异质多聚体，这些糖是五碳糖和六碳糖，包括木糖、阿伯糖、甘露糖和半乳糖等。它结合在纤维素微纤维的表面，并且相互连接。一般木材中，半纤维素占 10%～30%。

木质素：是有氧代苯丙醇或其衍生物结构单元的芳香性高聚物，形成纤维支架，具有强化木质纤维的作用。一般木材中，木质素占 20%～30%。

木材抽提物：木材用乙醇、苯、乙醚、丙酮或二氯甲烷等有机溶剂或水进行处理所得的各种物质的总称。

木材抽提物包含许多种物质，主要有单宁、树脂、树胶、精油、色素、生物碱、脂肪、蜡、甾醇、糖、淀粉和硅化物等。这些抽提物主要有三类化合物：脂肪族化合物、萜和萜类化合物、酚类化合物。

木材抽提物比较大量地存在于树脂道、树胶道、薄壁细胞中。它们的成因十分复杂，有的是树木生长正常的生理活动和新陈代谢的产物；有的是突然受到外界条件的刺激引起的。

木材抽提物的含量及其化学组成，因树种、部位、产地、采伐季节、存放时间及抽提方法而异。针、阔叶树材中树脂的化学成分不同，针叶材树脂的主要成分是树脂酸、脂肪和萜类化合物；阔叶树材树脂成分主要是脂肪、蜡和甾醇。而单宁主要存在于针、阔叶树材的树皮中，如落叶松树皮中含有 30% 以上的单宁。

木材抽提物的含量一般约占绝干木材的 2%～5%。

3. 木材的物理性质

主要包括木材的密度、木材中的水分、木材的干缩湿胀性及木材与热的性质等。

（1）木材的密度

是木材性质的一项重要指标，根据它估计木材的实际重量，推断木材的工艺性质和木材的干缩、膨胀、硬度、强度等木材物理力学性质。

木材密度以基本密度和气干密度两种为最常用。

基本密度：是绝干材重量与绝对体积之比，绝对体积是木材在绝对密实状态下的体积，不包括木材内部孔隙所占的体积。基本密度测量结果准确，不受环境的变化而改变，适用于木材性质比较之用。在木材干燥、防腐工业中，亦具有很强的实用性。

气干密度：是气干材重量与气干材体积之比，通常以含水率在 8%～20% 时的木材密度为气干密度。木材气干密度为木材性质比较和生产使用的基本依据。

木材密度的大小，受多种因素的影响，其主要影响因子为：木材含水率的大小、细胞壁的厚薄、年轮的宽窄、纤维比率的高低、抽提物含量的多少、树干部位和树龄立地条件和营林措施等。中国林科院木材工业研究所根据木材气干密度（含水率 15％时），将木材分为五级（单位：g/cm³），即很小：≤0.350；小：0.351～0.550；中：0.551～0.750；大：0.751～0.950；很大：0.950。

（2）木材的含水率

木材的含水率是指木材中所含水的质量占干燥木材质量的百分数。新伐木材的含水率在 35％以上；风干木材的含水率为 15％～25％；室内干燥木材的含水率常为 8％～15％。木材中所含水分不同，对木材性质的影响也不一样。

① 木材中的水分

木材中的水分主要有三种，即自由水、吸附水和结合水。自由水是存在于木材细胞腔和细胞间隙中的水分，自由水的变化只影响木材的表观密度、保存性、燃烧性和干燥性；吸附水是被吸附在细胞壁内细纤维间的水分，吸附水的变化是影响木材强度和胀缩变性的主要因素；结合水即为木材中的化合水，是构成木材的有机成分，对木材性质无影响。

② 木材的纤维饱和点

当木材中无自由水，而细胞壁内吸附水达到饱和时，这时的木材含水率称为纤维饱和点。木材的纤维饱和点随树种而异，一般介于 25％～35％，通常取其平均值，约为 30％。纤维饱和点是木材性质发生变化的转折点。

③ 木材的平衡含水率

木材中所含的水分是随着环境的温度和湿度的变化而改变的。当木材长时间处于一定温度和湿度的环境中时，木材中的含水量最后会达到与周围环境湿度相平衡，这时木材的含水率称为平衡含水率。木材的平衡含水率随其所在地区不同而异，我国北方为 12％左右，南方约为 18％，长江流域一般为 15％。

④ 木材干燥与含水率

通过加热并利用木材内、外水蒸气的压力差，使木材含水率降到适用值的过程称为木材干燥。木材干燥是木材工业中非常重要的生产环节。木材干燥的目的在于：减轻重量，节约调运的劳力和费用；防蛀防腐，延长使用年限；防止变形翘曲，增大弹性，有利于提高木制品质量。

各种木制品对已干木材终含水率的要求因用途不同而异，如乐器、精密仪器盒为 7％；家具、镶木地板为 8％；细木工板为 8％～9％；运动用具为 10％～12％；窗、门为 12％；汽车、铁路客车为 10％～15％；铁路货车、建筑材料为 18％；包装箱为 15％～18％。实践上还需按产品使用地区的气候条件作适当变动。

（3）木材的湿胀与干缩变形

木材具有湿胀干缩的性能，当木材的含水率在纤维饱和点以下时，随着含水率的增大，木材体积产生膨胀。当木材的含水率在纤维饱和点以上，只有自由水增减变化时，木材的体积不发生变化。

由于木材为非匀质材料，其胀缩变形各向不同，其中以弦向最大，径向次之，纵向（即顺纤维方向）最小。当木材干燥时，弦向干缩约为 6％～12％，径向干缩 3％～6％，纵向仅为 0.1％～0.35％。

木材的湿胀干缩变形，对木材的实际应用带来严重影响。干缩会造成木结构拼缝不严、接榫松弛、翘曲开裂，而湿胀又会使木材产生凸起变形。为了避免这种不利影响，最根本的措施是，在木材加工制作前预先将其进行干燥处理。

（4）木材与热的性质

木材为多孔的纤维材料，其导热性受木材的密度、纤维方向和含水率与温度的影响。

密度：木材的导热性随木材的密度的增大而增大。这是因为木材密度大、孔隙率变小、导热性增强的缘故。（实验证明：密闭干燥的空气导热系数极低，是不导热的材料。木材孔隙率小，孔隙内密闭干燥的空气少，导热性就增强的缘故）

纤维方向：实验证明，木材的导热性受纤维方向的影响，一般纵向大于径向，径向大于弦向。

含水率：水是极性小分子，导热能力强。木材中含水率越高，导热性就越大。

温度：木材的导热性随温度的升高，导热性增大。主要是木材中的极性分子物质受热后活动加快，导致导热能力增强的缘故。如水分子。

干燥后的木材，其含水率较低（通常 $8\%\sim12\%$），木材内密闭干燥空气的存在，木材表现出导热性低、保温性好的特点，具有冬暖夏凉的舒适感。

4. 木材的力学性质

木材作为一种非均质的、各向异性的天然高分子材料，许多性质都有别于其他材料，而其力学性质更是与其他均质材料有着明显的差异。木材力学是涉及木材在外力作用下的机械性质或力学性质的科学，它是木材学的一个重要组成部分。木材力学性质是度量木材抵抗外力的能力，研究木材应力与变形有关的性质及影响因素。

木材所有力学性质指标参数因其含水率（纤维饱和点以下）的变化而产生很大程度的改变；木材会表现出介于弹性体和非弹性体之间的黏弹性，会发生蠕变现象，并且其力学性质还会受荷载时间和环境条件的影响。

木材力学性质包括应力与应变、弹性、黏弹性（塑性、蠕变）、强度（抗拉强度、抗压强度、抗弯强度、抗剪强度、扭曲强度、冲击韧性等）、硬度、抗劈力以及耐磨耗性等。

（1）应力与应变

应力：物体在受到外力时具有形变的趋势，其内部会产生相应的抵抗外力所致变形作用的力，成为内力，当物体处于平衡状态时，内力与外力大小相等，方向相反。应力就是指物体在外力作用下单位面积上的内力。

应变：外力作用下，物体单位长度上的尺寸或形状的变化称为应变，或称相对变形。

木材的应力与应变的关系比较复杂，因为它的性能既不像真正的弹性材料，又不像真正的塑性材料，而属于既有弹性又有塑性的材料——黏弹性材料。在较小的应力和较短的时间里，木材的性能十分接近于弹性材料；反之，则近似于黏弹性材料。

（2）弹性与黏弹性

弹性：应力在弹性极限以下时，一旦除去应力，物体的应变就完全消失。这种应力解除后即产生应变完全回复的性质叫作弹性。

黏性：与弹性材料相对，还有一类黏性流体。黏性流体没有确定的形状，在应力作用下，产生应变，应变随时间增加而连续地增加，除去应力后应变不可回复，黏性流体所表现出的这个性质就被称为黏性。

木材作为生物材料同时具有弹性和黏性两种不同机理的变形。木材在长期荷载下的变形将逐渐增加，若荷载很小，经过一段时间后，变形就不再增加；当荷载超过某极限值时，变形随时间而增加，直至使木材破坏。木材这种变形如同流体的性质，在运动时受黏性和时间的影响。所以，讨论木材的变形时，需对木材的弹性和黏性同时予以考虑，将木材这种同时体现弹性固体和黏性流体的综合特性称作黏弹性。

（3）木材的塑性与塑性变形

当施加于木材的应力在其弹性限度以内时，去除外力后变形将回复原尺寸；当应力超过木材的弹性限度时，去除外力后，木材仍会残留一个当前不能恢复的变形，将这个变形称为塑性变形。木材所表现出的这一性质称为塑性。木材的塑性是由于在应力作用下，高分子结构的变形及相互间相对移动的结果。与其他材料相比，木材特别是气干材，因屈服点不明显，且破坏也较小的缘故，所以一般被认为是塑性较小的材料。

木材的塑性在有些场合会发挥积极的作用。干燥时，木材由于不规则干缩所产生的内应力会破坏其组织的内聚力，而塑性的产生可以抵消一部分木材的内应力。

在木材横纹压缩变形的定型处理中，通常以高温和高湿条件保持住木材的形变，正是利用了温度和含水率对木材塑性变形的影响。

在微波加热弯曲木材处理时，会使木材的基体物质塑化，使其变形增加到原弹性变形的 30 倍，产生连续而又平滑的显著变形，而不出现弯曲压缩侧微细组织的破坏，是木材塑性增大的一个典型实例。

（4）木材的强度

强度是材料抵抗所施加应力而不致破坏的能力，如抵御拉伸应力的最大临界能力被称为抗拉强度，抵御压缩应力的最大临界能力称为抗压强度，抵御被弯曲的最大临界能力被称为抗弯强度等。当应力超过了材料的某项强度时，便会出现破坏。

木材常用的强度有抗拉强度、抗压强度、抗弯强度和抗剪强度。由于木材具有各向异性，木材的强度有顺纹强度和横纹强度之分，木材的顺纹强度比其横纹强度要大得多，在工程上均充分利用木材的顺纹强度。当以顺纹抗拉强度为 1 时，木材理论上各强度大小关系见表 1-1 所示。

表 1-1　木材理论上各强度大小关系

抗压强度		抗拉强度		抗弯强度		抗剪强度	
顺　纹	横　纹	顺　纹	横　纹	顺　纹	横　纹	顺　纹	横　纹
1	1/10～1/3	2～3	1/20～1/3	3/2～2	1/7～1/3	1/2～1	

（5）木材的硬度与耐磨性

木材硬度表示木材抵抗其他刚体压入木材的能力；耐磨性是表征木材表面抵抗摩擦、挤压、冲击和剥蚀以及这几种因子综合作用的耐磨能力。两者具有一定的内在联系，通常木材硬度高者耐磨性大；反之，耐磨性小。硬度和耐磨性可作为选择建筑、车辆、造船、运动器械、雕刻、模型等用材的依据。

木材硬度又分弦面、径面和端面硬度 3 种。端面硬度高于弦面和径面硬度，大多数树种的弦面和径面硬度相近，但木射线发达树种的木材，弦面硬度可高出径面 5%～10%。木材硬度因树种而异，通常多数针叶树材的硬度小于阔叶树材。木材密度对硬度的影响极大，密度越大，则硬度也越大。

木材与任何物体的摩擦，均产生磨损，例如，人在地板上行走，车辆在木桥上驰行，都可造成磨损，其变化大小以磨损部分损失的重量或体积来计量。由于导致磨损的原因很多，磨损的现象又十分复杂，所以难以制定统一的耐磨性标准试验方法。

（6）抗劈力

木材纤维方向具有易开裂的性质，抗劈力是木材抵抗在尖楔作用下顺纹劈开的力。针叶树材随着开裂从弦面向径面变化，抗劈力值增加，阔叶树材相反。特别是射线组织大且数量多的木材，抗劈力值显著减小。

（7）握钉力

木材的握钉力是指钉在从木材中被拔出时的阻力。握钉力以平行于钉身方向的拉伸力计算。影响木材握钉力的因素有：木材的密度、可劈裂性、木材的含水率、钉尖形状、钉身直径、钉入深度等。

（三）木材的性能特点

木材作为一种应用广泛的建筑材料，既可以制成板材、家具、人造板等产品，也可作为造纸、化学纤维工业的原料，它具有以下特点：

（1）天然性：木材是一种天然材料，在人类常用的钢、木、水泥、塑料四大主材中，只有它直接取自天然，因而木材具有生产成本低、耗能小、无毒害、无污染等特点。

（2）质感好：木材具有易为人接受的良好触觉特性，远远优于金属和玻璃等材料。

（3）强重比高：木材的某些强度与重量的比值比一般金属的比值都高，是一种质轻而强度高的材料。因此，木材制作家具强度好，重量轻，移动方便，是桌椅类家具的首选材料。

（4）保温性：木材的导热系数很小，同其他材料相比，铝的导热性是它的 2000 倍，塑料的导热性是它的 30 倍。因此，木材具有良好的保温性能，有冬暖夏凉的舒适感。

（5）电绝缘性：木材的电传导性差，是较好的电绝缘材料。

（6）加工性：木材软硬程度适中，具有很好的加工性能，锯、铣、刨、磨、车、雕性能优异，是生产实木家具的主要材料。

（7）装饰性：木材本身具有天然美丽的纹理和色泽，作为家具和装饰材料具有独特的装饰效果，是其他材料所无法取代的。

（8）耐久性：木材在干燥通风的状态下，不会腐朽破坏，耐久性好。

（9）优异的力学性能：木材既具有很好的弹性，也有良好的韧性，还具有一定的塑性，能承受较大的冲击荷载和振动荷载。

（四）木材的宏观识别与选用

1. 针叶材和阔叶材的识别

有无导管是区分针叶材和阔叶材的重要标志。

阔叶材的导管在木材横切面上呈圆点孔穴状，直径较大，壁薄腔大，所以阔叶材也称为有孔材。极少数阔叶材在横切面上看不见导管，我国仅有水青树、昆兰树两种。针叶材在横切面上不见导管，所以称为无孔材。常见的针叶材主要是松木、杉木、柏木和银杏木。针叶材和阔叶材的识别要点如表1-2所示。

表1-2　针叶材和阔叶材宏观识别要点

类　别	相同点	侧重点
针叶材	心边材的差异；生长年轮的明显度、宽窄及均匀度；颜色；气味；重量；硬度；结构；纹理；花纹等	无孔材；树脂道的有无、多少；树脂的有无；早晚材的明显度
阔叶材		有孔材；材表特征；管孔类型；管孔的大小与组合；木射线的宽窄及明晰程度，轴向薄壁组织的明晰程度及分布类型等

2. 木材的宏观识别

（1）气味与滋味

木材中含有各种挥发性油、树脂、树胶、芳香油及其他物质，随树种的不同，产生了各种不同的味道，利用木材的气味，可以用于识别木材。如松木含有清香的松脂气味；柏木、侧柏、圆柏等有柏木香气；雪松有辛辣气味；杨木具有青草味；椴木有腻子气味。我国海南岛的降香木和印度的黄檀具有名贵香气，檀香木具有馥郁的香味，樟科的一些木材具有特殊的樟脑气味。

木材的滋味是指一些木材具有特殊的味道，它是木材中所含的水溶性抽提物中的一些特殊化学物质。如板栗具有涩味，肉桂具有辛辣及甘甜味；黄连木、苦木具有苦味；糖槭具有甜味等。

（2）木材的纹理与花纹

木材的纹理及表面花纹是木材最直观的表象特征，是识别木材的常用方法。

（3）木材的结构

木材的结构是指组成木材各种细胞的大小和差异程度。阔叶树材是以导管的弦向平均直径、数目和射线的多少等来表示。木材由较多的大细胞组成，称为粗结构，如泡桐等；木材由较多的小细胞组成，材质致密，称为细结构，如桦木、椴木和槭木等；组成木材的细胞大小变化不大的，称为均匀结构，如阔叶树中的散孔材；组成木材的细胞大小变化较大的，称为不均匀结构，如阔叶树中的环孔材。

3. 常用木材的识别

表1-3为常用木材识别表：

表1-3　常用木材识别表

01 桦木	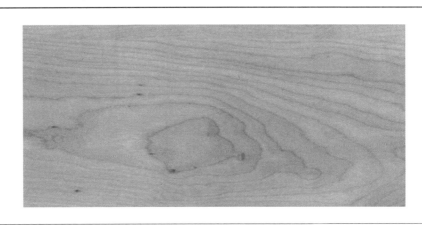
	桦木：年轮略明显，材质结构细腻柔和光滑，质地较软或适中。桦木富有弹性，干燥时易开裂翘曲，不耐磨。加工性能好，切面光滑，油漆和胶合性能好。常用于雕花部件，易分特征是多"水线"（黑线），桦木属中档木材。用于胶合板、家具等。
02 黑胡桃	
	黑胡桃木：盛产于北美洲、北欧等地。胡桃木的边材是乳白色，心材从浅棕到深巧克力色，偶尔有紫色和较暗条纹。胡桃木纹理直，结构细至略粗，均匀。黑胡桃呈浅黑褐色带紫色，弦切面为美丽的大抛物线花纹（大山纹）。主要用于家具、地板和拼板。

03 樱桃木	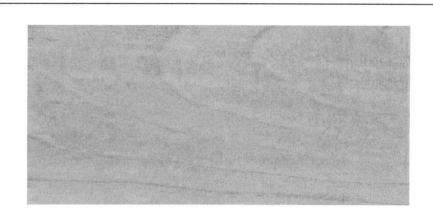
	樱桃木：主要产地为北美，商品材来自以美国为主的东部各个地区。樱桃木的心材颜色由艳红色至棕红色，日晒后颜色变深。樱桃木具有细致均匀直纹，纹理平滑，细纹里有狭长的棕色髓斑及微小结构细的树胶囊。用于胶合板、家具等。
04 柳木	 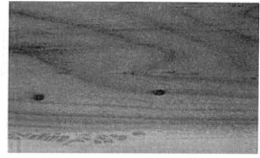
	柳木：材质适中，结构略粗，加工容易，胶接与涂饰性能良好。干燥时稍有开裂和翘曲。以柳木制作的胶合板称为菲律宾板。用于家具、胶合板生产等。
05 枫木	
	枫木：重量适中，结构细，加工容易，切削面光滑，涂饰、胶合性较好，干燥时有翘曲。

（续表）

06 洋槐或刺槐	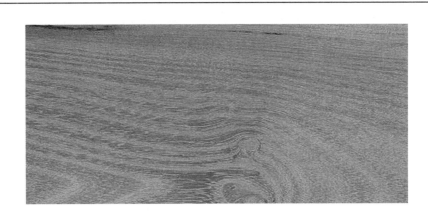
	洋槐：落叶乔木，原产北美，现被广泛引种到亚洲、欧洲等地。树冠椭圆状倒卵形，树皮灰褐色，浅至深纵裂。小枝光滑，灰褐色至褐色。刺槐树皮厚，纹裂多，木材坚硬，耐腐蚀，耐水湿，燃烧缓慢，热值高。用于胶合板、家具等。
07 泡桐	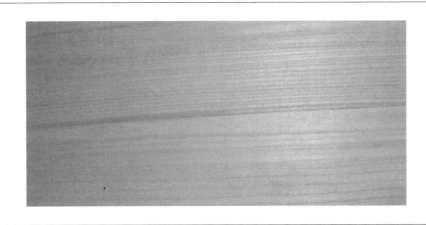
	泡桐：速生树种，原产于中国。树皮灰色、灰褐色或灰黑色，幼时平滑，老时纵裂，假二杈分枝。木材纹理通直，结构均匀，不挠不裂，不易变形，易于加工。桐材的纤维素含量高、材色较浅，也是造纸工业的好原料。用于胶合板、家具等。
08 杨木	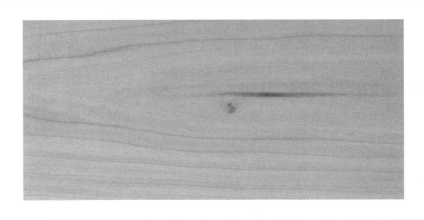
	杨木：我国南方及北方均有。杨木具有适应性广、年生长期长、生产速度快等特点，其质细软，性稳，价廉易得。由于杨木纤维结构疏松、材质相对较差，其应用范围受到较大限制，目前主要用作细木工板芯板、家具等。

（续表）

09 桤木	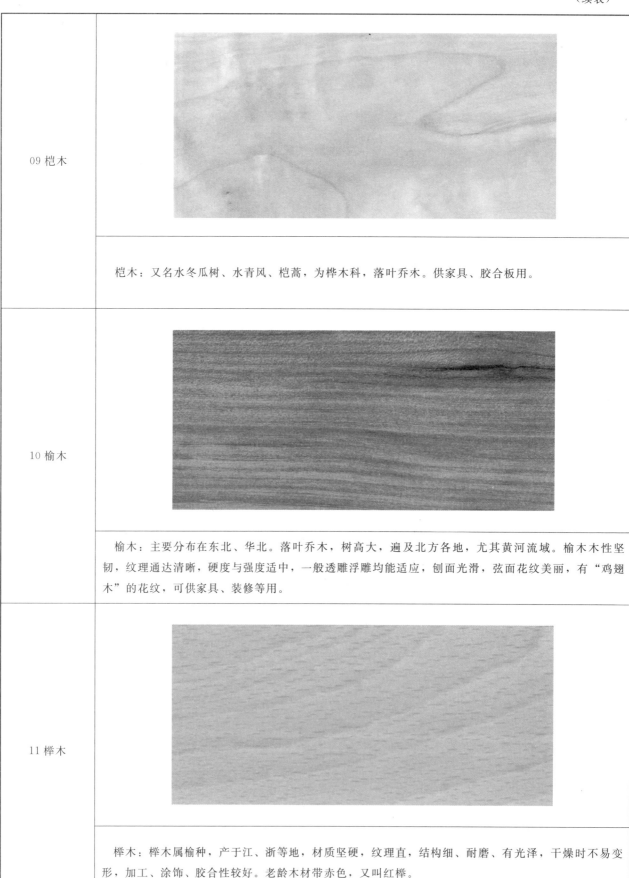
	桤木：又名水冬瓜树、水青风、桤蒿，为桦木科，落叶乔木。供家具、胶合板用。
10 榆木	
	榆木：主要分布在东北、华北。落叶乔木，树高大，遍及北方各地，尤其黄河流域。榆木木性坚韧，纹理通达清晰，硬度与强度适中，一般透雕浮雕均能适应，刨面光滑，弦面花纹美丽，有"鸡翅木"的花纹，可供家具、装修等用。
11 榉木	
	榉木：榉木属榆种，产于江、浙等地，材质坚硬，纹理直，结构细、耐磨、有光泽，干燥时不易变形，加工、涂饰、胶合性较好。老龄木材带赤色，又叫红榉。

（续表）

（续表）

12 槭木	
	槭木：枫木、红影，主要产于北美洲。槭木表面颜色与白桦相似，木质细腻，山纹木纹、清晰明显。但枫木与榉木相似，即容易变色，轻微开裂，寒冷地区忌大面积使用。
13 橡木	
	橡木：栎木、红橡、柞木，材色为白色或黄白色，结构细腻、木材坚硬、生长缓慢，心边材区分明显。纹理直或斜，耐水耐腐蚀性强，加工难度高，但切面光滑，耐磨损，胶接要求高，油漆着色、涂饰性能良好。用于家具、地板、胶合板等。
14 筒状非洲楝	
	筒状非洲楝：沙比利，分布于西非、中非和东非。外观木纹交错，有时有波状纹理，木材纹理处有鱼卵形黑色斑纹；疏松度中等，光泽度高；边材淡黄色，心材淡红色或暗红褐色。用于家具、地板、胶合板、乐器等。

（续表）

15 非洲桃花心木	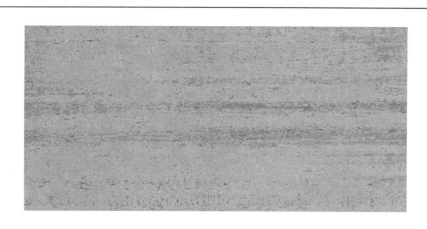
	非洲桃花心木：分布于西非、中非和东非。木纹交错，有时有波状纹理，木材纹理处有鱼卵形黑色斑纹。疏松度中等，光泽度高；边材淡黄色，心材淡红色或暗红褐色；弯曲强度、抗压强度、抗震性能、抗腐蚀性和耐用性中等。用于家具、地板等。
16 水曲柳	
	水曲柳：产于我国东北。国家Ⅱ级重点保护树种，水曲柳材质坚韧，纹理美观，呈黄白色（边材）或褐色略黄（心材）。年轮明显、木质结构粗、纹理直，花纹美丽，有光泽，硬度较大。水曲柳具有弹性、韧性好，耐磨，耐湿等特点。用于家具、地板、人造板等。
17 柚木	
	柚木：俗名胭脂木、血树、麻栗、泰柚，柚木在干湿变化较大的情况下不翘不裂；耐水、耐火性强；能抗白蚁、极耐腐，综合性能良好，是世界公认的名贵树种，被誉为"万木之王"。柚木含有极重的油质，这种油质使之保持不变形。它是制造高档家具、地板、室内外装饰的最好材料。

（续表）

（续表）

18 橡胶木	
	橡胶木：生产橡胶乳的一种植物，是橡胶树的主干，亚热带树种。木材淡黄褐色或黄白色、散孔材、薄壁细胞短切线状或围孔状，具结晶细胞。用于制造家具、指接板等。
19 香樟木	
	香樟木：产于我国江南各省及台湾福建。木材具有香气，能防腐、防虫。材质略轻，不易变形，加工容易，切面光滑，有光泽，耐久性能好，胶接性能好。油漆后色泽美丽。
20 楠木	
	楠木：品种可分三种，一是香楠，木微紫而带清香，纹理美观；二是金丝楠，木纹里有金丝，是楠木中最好的一种，更为难得的是有的楠木有天然山水人物花纹；三是水楠，木质较软，多用其制作家具。楠木属樟科，常用于建筑及家具的主要是雅楠和紫楠。楠木的色泽淡雅匀称，伸缩变形小，易加工，耐腐朽，是软性木材中最好的一种。

（续表）

21 核桃楸	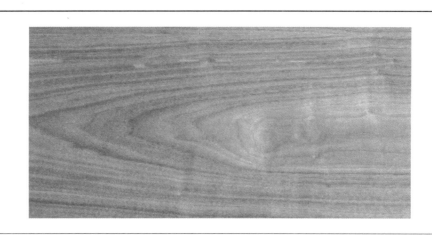
	核桃楸：其木材有光泽，纹理直或斜，结构略粗，干燥速度慢，但不易翘曲，木材韧性好，易加工，切削面光滑。弯曲、油漆、胶接性能良好，钉着力强。
22 松木	
	松木：针叶树种，有松香味、色淡黄、疖疤多。具有对大气温度反应快、容易胀大、极难自然风干等特性，需经人工处理，如烘干、脱脂去除有机化合物、漂白，使之不易变形。
23 柏木	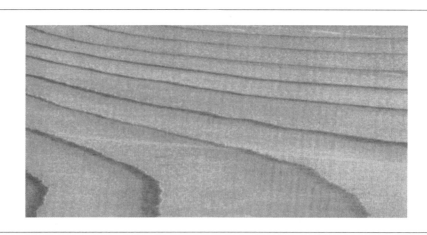
	柏木：针叶树种，有香味可以入药，柏子可以安神补心。柏木色黄、质细、气馥、耐水，多节疤，故民间多用其做"柏木筲"，耐腐性好。

（续表）

（续表）

24 杉木	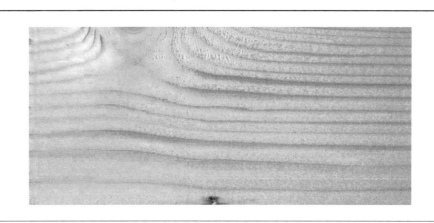
	杉木：针叶树种，是我国特有的速生树种，材质好。木材纹理通直，结构均匀，不翘不裂。材质轻韧，强度适中，质量系数高。具香味，材中含有"杉脑"，能抗虫耐腐。用于胶合板、家具等。
25 黄杉	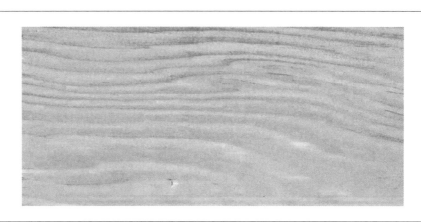
	黄杉：针叶树种，分布于中国与北美。黄杉产于我国的云南、四川、陕西、湖北、湖南及贵州的亚热带山地。黄杉为常绿乔木，树干高大通直，树皮呈金钱豹花纹状，心材淡红色，边材淡黄色而有树脂，材质坚韧，富有弹力，保存期长。用于门窗、家具等。

4. 家具生产木材的选择的选用

家具生产一般选用经干燥处理的实木锯材，包括板材、方材。合理选材是家具生产的重要环节，选材的内容包括：含水率、规格、等级、树种、材质、纹理、色泽等。遵循"大材不小用、优材不劣用、优劣材搭配用"的一般原则，做到材尽其用。

（1）含水率的选择

锯材含水率是否符合家具产品设计的技术要求，直接关系到产品的质量、强度及使用。选择锯材含水率应把握如下几点：

① 选用强制烘干的锯材，含水率符合设计要求，且内外含水率均匀一致。

② 锯材含水率应符合国家标准 GB/T6491—1999《锯材干燥质量》，家具制作时，用于胶拼部件的木材含水率为 $6\%\sim11\%$，用于其他部件的木材含水率为 $8\%\sim14\%$（平均 10%），采暖室内的家具用材的含水率为 $5\%\sim10\%$（平均为 7%），室内装饰和工艺制造用材的含水率为 $6\%\sim12\%$（平均为 8%）。

③ 选用木材的含水率应认真分析考虑家具使用地区的含水率情况，选用锯材的含水率应低于其使用地区的平衡含水率 $2\%\sim3\%$。

（2）锯材规格的选择

考虑木材的加工余量，锯材的规格应与零件规格相匹配。确保锯材的厚度较零件的宽度或者厚度大 0.5mm 左右。例如零件规格为 450×50×30，则宜选用的厚度应为 55mm 或 35mm 的锯材规格。

（3）锯材质量的选择

着重考虑锯材的树种、等级、纹理、色泽及缺陷等。

① 在保证产品质量和技术要求的前提下，节约使用优质材料，合理使用低质材料，做到物尽其用。

② 根据家具产品的质量等级要求选料：高级家具的零部件以至于整个产品往往需要选择同一树种的锯材，且木材均为高级木材。一般家具产品通常将软材和硬材分开，将质地近似、颜色纹理大致相近的树种混合搭配，达到节约高级木材的目的。

③ 根据家具部件的外露情况，一般看面用材纹理、颜色应相似相近，内部不可见零件用材可以降低等级。

④ 根据油漆涂饰的颜色选材：本色涂饰应选择纹理、颜色相近似的木材，深色涂饰可以将有色差的木材混合使用。

⑤ 对于受力、强度要求较高的零部件，应选择无节子、腐朽、裂纹的木材。

⑥ 胶拼部件应选择材质、硬度一致或相近的木材，不得软材与硬材、针叶材和阔叶材混合使用。

五、任务实施

（一）工作准备

材料：常用木材 20 种，样板规格 300×200×30（mm）。

工具：放大镜。

制订工作计划：工作计划内容包括项目完成的时间、地点，完成的数量和质量以及主要操作步骤和技术要点。

（二）任务实施

1. 木材宏观特性观察与记录

观察所提供的常用 20 种木材样板，如图 1-11 所示，将其外观特性记录在表 1-4 中。

表 1-4　木材宏观特性观察记录表

年　　月　　日

样板编号	名称	树种	颜色	纹理、花纹特征	导管特征	气味	密度
	水曲柳						
	梓木						
	黑胡桃						
	樱桃木						
	非洲白木						
	香樟木						
	黄金柚木						
	东北老榆木						

（续表）

样板编号	名称	树种	颜色	纹理、花纹特征	导管特征	气味	密度
	樟子松木						
	柳桉						
	美国红橡						
	红榉木						
	红松						
	橡胶木						
	非洲沙比利						
	美国花旗松						
	白蜡木						
	印尼菠萝格						
	缅甸柚木						
	加拿大枫木						

记载人：

填表说明：

样板编号：根据提供的木材名称，找出材料样板，记录样板上的材料编号。

树种：区分材料属于针叶材还是阔叶材。

导管特征：管孔的大小，管孔的分布特征——环孔材、散孔材、半散孔材。

密度：是指表观密度，按照大、中、小描述。

气味：是指木材中的挥发性油、树脂、树胶、芳香油及其他物质散发出的香气等。

2. 常用 10 种木材的特点及应用

根据图 1-12 所提供的木材色板编号，准确识别并填写其名称和主要特性及应用。记录在表 1-5 中。

表 1-5 常用木材的特性与应用

年 月 日

样板编号	名称	主要特性与应用
01		
02		
03		
04		
05		
06		
07		
08		
09		
10		

记载人：

（三）成果提交

（1）常用 20 种木材的宏观特性（表 1-4）。

（2）常用 10 种木材的特点与应用（表 1-5）。

（3）成果认定：提交成果按百分制评定成绩，分为准确性、完整性、综合素质三个方面评价。

正确性：占总分的 50％，考核学生完成任务的正确程度。

完整性：占总分的 40％，考核学生完成任务的圆满程度，是否完成所有任务。

综合素质：占总分的 10％，考核学生文明施工、爱护环境等综合素质。

填表说明：

主要特性与应用：主要特性填写该木材与众不同的性质，如涂饰性、加工性等。如水曲柳：管孔粗大、环孔材，开孔涂饰性能优，中等硬度，加工性能良好。尤适合于开孔涂饰的实木家具用材，如桌椅类家具等。

黑胡桃

水曲柳

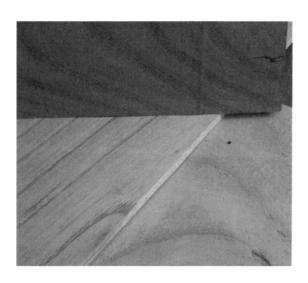

梓木（臭泡桐木）

樱桃木

非洲白木

香樟木

黄金柚

东北老榆木

樟子松

橡胶木

柳桉木

缅甸柚木

红橡木

红松

欧洲红榉

非洲沙比利

印尼菠萝格

美国花旗松

白蜡木

加拿大枫木

图 1-11 常用 20 种木材色样

编号 01

编号 02

编号 03

编号 04 编号 05 编号 06

编号 07 编号 08 编号 09

编号 10

图 1-12 常用 10 种木材色板编号

六、知识拓展

(一) 科技木

1. 概念

科技木是以普通木材（速生材）为原料，利用仿生学原理，通过对普通木材、速生材进行各种改性物化处理生产的一种性能更加优越的全木质的新型装饰材料。与天然材相比，几乎不弯曲、不开裂、不扭曲。其密度可人为控制，产品稳定性能良好，可把木材综合利用率提高到 86％ 以上。

2. 特点

和天然木相比较，科技木具有以下特点：

（1）色彩丰富，纹理多样

科技木产品经电脑设计，可产生天然木材不具备的颜色及纹理，色泽更鲜亮，纹理立体感更强，图案更具动感及活力。充分满足人们需求多样化的选择和个性化消费心理的实现。

（2）产品性能更优越

科技木的密度及静曲强度等物理性能均优于其原材料天然木材，且防腐、防蛀、耐潮又易于加工。同时，还可以根据不同的需求加工成不同的幅面尺寸，克服了天然木径级的局限性。

（3）成品利用率高，装修更节省

科技木没有虫孔、节疤、色变等天然木材固有的自然缺陷，其纹理与色泽均具有一定的规律性，避免了天然木材因纹理、色泽差异而产生的不美观。

3. 分类

化学木材：日本东京通用化工公司研制成功一种可注塑成型的化学木材。它用环氧树脂聚氨酯和添加剂配合而成，在液态可注塑成型，该木材物理化学特性和技术指标与天然木材一样，可对其进行锯、刨、钉等加工，成本只有天然木材的 25% 左右。

原子木材：美国研制成的这种原子木材，是将木料塑胶混合，再经钴 60 加工处理制成。由于经塑胶强化的木材，比天然木材的花纹和色泽更美观，并容易锯、钉和打磨，用普通木工工具就可以对其进行加工。

阻燃木材：日本研制成功了一种不会燃烧的木材。它在材料中添加了无机盐，并把木材浸入含有钡离子和磷酸离子的溶液中，使木材防腐、防蚁。

增强木材：美国发明的一种陶瓷增强木材。它是将木材浸入四乙氧醛硅中，待吸足后放入 500℃ 的固化炉中，使木材细胞内的水分挥发。处理后的木材硬度和强度大大提高。

复合木材：日本研发出的一种 PVC 硬质高泡复合材料。它主要原料为聚氯乙烯，并加入适量的耐燃剂，使其具有防火功能。该复合材料可取代天然木材，用作房屋壁板、隔间板、天花板等其他装饰材料。

彩色木材：匈牙利一家公司研制成一种彩色木材。它是用特殊处理法将色彩渗透到木材内部的一种新式材料，锯开就可呈现彩虹般的色彩，这种木材很适用于制造日用品及家具等。

合成木材：日本一家木材公司采用木屑和树脂制成一种合成材料，它既有天然木材的质感，又有树脂的可塑性，防水性强、便于加工、不易变形、防蛀性能好，可作为建筑装饰装修和制作家具的优质材料。

人造木材：英国科研人员开发出一种用聚苯乙烯废塑料制造出的人造木材。该材料采用 85% 的聚苯乙烯废塑料、4% 加固剂、滑石粉以及黏合剂等制成一种仿木材制品，其外观、强度及耐用性等均可与松木相媲美。

（二）重组木

1. 概念

重组木是在不打乱木材纤维排列方向、保留木材基本特性的前提下，将木材碾压成"木束"重新改性组合，制成一种强度高、规格大、具有天然木材纹理结构的新型木材，完全可以代替实木硬木，其性能优于实木硬木。

2. 特性

其优势可以总结为以下几点：

（1）节约资源，具有良好的环保性能；

（2）高密度、不易变形、不易开裂、防虫、阻燃性能优于一般实木；

（3）各种木材物理指标超出普通实木 3 倍以上；

（4）适合用于户外以及地热等特殊环境用材；

（5）甲醛释放量达到 E0 级标准（≤0.5，目前国际最高标准，国家标准≤1.5）。

3. 生产工艺过程

改性剂配制—木单板制造—废弃木单板整理—木单板改性处理—改性后木单板干燥—计量组坯—木方压制—木方胶合固化与热处理—木方齐头、铣边—加工形成。

（三）防腐木

防腐木，就是将普通木材经过人工添加化学防腐剂之后，使其具有防腐蚀、防潮、防真菌、防虫蚁、防霉变等特性。是制作户外地板、园林景观、娱乐设施、木栈道的理想材料，也用于室内装修、地板及家具中。

还有一种没有防腐剂的防腐木——深度炭化木，又称热处理木。炭化木是将木材的有效营养成分炭化，通过切断腐朽菌生存的营养链来达到防腐的目的。

防腐木其种类有很多种，最常用的是樟子松防腐木、南方松防腐木，花旗松防腐木，柳桉防腐木，菠萝格防腐木等等。

（四）生态木

生态木是木塑材料的一种，通常把 PVC 发泡工艺生产的木塑产品称为生态木。生态木主要原材料是由木粉和 PVC 加其他增强型助剂合成的一种新型绿色环保材料（30％PVC＋69％木粉＋1％色剂配方），广泛应用于装饰工程，用于制作室内外墙板、室内天花吊顶、户外地板、室内吸音板、隔断、广告牌等。

生态木是通过专利技术，将树脂和木质纤维材料及高分子材料按一定比例混合，经高温、挤压、成型等工艺制成一定形状的型材，其生产工艺流程如下：原料混合→原料造粒→配料→干燥→挤出→真空冷却定型→牵引并切割→检验包装→包装入库。

生态木（Greener Wood）的物理表观性能具有实木的特性，该产品主要成分是木、碎木和渣木，质感与实木一样，能够钉、钻、磨、锯、刨、漆，不易变形、龟裂。同时具有防水、防蛀、防腐、保温隔热等特点，由于添加了光与热稳定剂、抗紫外线和低温耐冲击等改性剂，使产品具有很强的耐候性、耐老化性和抗紫外线性能。产品采用挤压工艺制造而成，可以根据需要对产品的色彩、尺寸、形状进行控制。由于木质纤维和树脂都可回收重复利用，是真正可持续发展的新兴产业。几乎不含对人体有害的物质和毒气挥发，经有关部门检测，其甲醛的释放只有 0.3mg/L，大大低于国家标准（国家标准是 1.5mg/L），是一种真正意义上的绿色合成材料。

七、巩固练习

1. 概念题

（1）早材、晚材

（2）平衡含水率

（3）握钉力

（4）重组木

2. 简答题

（1）简述木材的性能特点？

（2）木家具与金属家具相比较有哪些特点？

（3）木材的装饰性表现在哪几个方面？

3．分析论述题

（1）举例说明水曲柳制作实木家具的优点？

（2）科技木有什么特点？

项目二 红木的特性与识别

任务二 5属8类红木的宏观识别

一、任务描述

中国的红木家具，历来为世人称道。红木也因其色泽纹理美观、质地坚硬、耐久性好，深受消费者喜爱，也是家具中的极品材料。通过5属8类红木的宏观识别这一任务的实施，学生能够掌握红木的种类及其特性，具有识别和选用红木的专业技能。

二、学习目标

知识目标：

（1）掌握常用8类红木的性能特点。

（2）具有识别和选用红木的专业知识。

能力目标：

（1）能够正确描述8类红木的宏观构造与特性。

（2）能够正确识别和检验8类红木。

三、任务分析

课时安排：4学时。

知识准备：8类红木的特性与宏观构造。

任务重点：8类33种红木的宏观识别。

任务难点：8类33种红木的识别与特性分析。

任务目标：能准确观察所提供的红木类别和外观特性，正确对红木进行分类与识别，正确分析该红木的性能特点。

任务考核：分红木识别、红木性能描述两部分考核，分别按50分进行考核，总分60分以上记为合格。

四、知识要点

（一）红木的种类

根据国家标准GB/T18107—2000《红木》的规定，红木包括：紫檀木类、花梨木类、香枝木类、黑酸枝木类、红酸枝木类、乌木类、条纹乌木类、鸡翅木类8类木材。这8类木材属于5属2科。（图1-13）

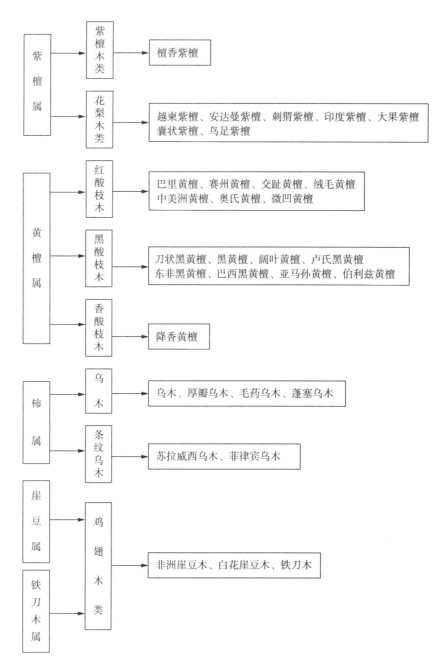

图1-13 国标红木5属8类33种红木分类图

5属：紫檀属、黄檀属、柿属、崖豆属及铁刀木属。

2科：豆科和柿树科。

根据国家标准，这8类红木材料应满足如下条件：

1. 紫檀木类

（1）必须是紫檀属树种。

（2）木材结构甚细至细，平均管孔弦向直径不大于160 μm。

（3）木材含水率12%时气干密度大于1.00g/cm³。

（4）木材的心材，材色红紫，久则转为黑紫色。

2. 花梨木类

（1）必须是紫檀属树种。

（2）木材结构甚细至细，平均管孔弦向直径不大于 200 μm。

（3）木材含水率 12％时气干密度大于 0.76g/cm³。

（4）木材的心材，材色红褐至紫红，常带深色条纹。

3. 香枝木类

（1）必须是黄檀属树种。

（2）木材结构甚细至细，平均管孔弦向直径不大于 120 μm。

（3）木材含水率 12％时气干密度大于 0.80g/cm³。

（4）木材的心材，辛辣香气浓郁，材色红褐色。

4. 黑酸枝木类

（1）必须是黄檀属树种。

（2）木材结构细至甚细，平均管孔弦向直径不大于 200 μm。

（3）木材含水率 12％时气干密度大于 0.85g/cm³.

（4）木材的心材，材色栗褐色，常带黑条纹。

5. 红酸枝木类

（1）必须是黄檀属树种。

（2）木材结构细至甚细，平均管孔弦向直径不大于 200 μm。

（3）木材含水率 12％时气干密度大于 0.85g/cm³.

（4）木材的心材，材色红褐至紫红。

6. 乌木类

（1）必须是柿属树种。

（2）木材结构甚细至细，平均管孔弦向直径不大于 150 μm。

（3）木材含水率 12％时气干密度大于 0.90g/cm³。

（4）木材的心材，材色乌黑。

7. 条纹乌木类

（1）必须是柿属树种。

（2）木材结构甚细至细，平均管孔弦向直径不大于 150 μm。

（3）木材含水率 12％时气干密度大于 0.90g/cm³。

（4）木材的心材，材色黑或栗褐，间有浅色条纹。

8. 鸡翅木类

（1）必须是崖豆属和铁刀木属树种。

（2）木材结构甚细至细，平均管孔弦向直径不大于 200 μm。

（3）木材含水率 12％时气干密度大于 0.80g/cm³。

（4）木材的心材，材色是黑褐或栗褐，弦面上有鸡翅花纹。

（二）8 类红木的特性

1. 紫檀木类

紫檀属紫檀木类，学名檀香紫檀，俗称紫檀、小叶紫檀等。紫檀产自印度，质地致密，十分适合雕刻，故宫中多见以紫檀雕刻的大型家具和工艺品。

　　紫檀木材为散孔材，木材沉于水，心材新切面为橘红褐色，久则呈高贵的紫红色或紫黑色，纹理不乱，花纹极少，甚至于接近没有花纹，有静穆、雍容之美。依紫檀色泽及纹理不同，又分为金星紫檀、牛毛纹紫檀（蟹爪纹紫檀）、鸡血紫檀和豆瓣紫檀，其中又以金星紫檀为上品。紫檀是"十檀九空"，无大料，出材率低，升值很快，具有非常高的收藏价值，如图 1-14 所示。

图 1-14　紫檀木

2. 花梨木类

　　紫檀属，7 种花梨木类木材的统称，有越柬紫檀、安达曼紫檀、刺猬紫檀、印度紫檀、大果紫檀、囊状紫檀、鸟足紫檀（俗称泰国花梨）。以越柬紫檀为最佳。除刺猬紫檀产自热带非洲以外，其余 6 种均产自亚洲。其中，印度紫檀和大果紫檀俗称草花梨，颇受市场欢迎。

　　花梨木为散孔材至半环孔材，心材褐色、红褐色至紫红褐色，木纹理相对较粗直，从纵切面上看带状长纹明显。有檀香味，但不如紫檀檀香醇厚，如图 1-15 所示。

图 1-15　花梨木

3. 香枝木类

　　学名降香黄檀，俗称海南黄花梨。古人多写作"花榈"，或"榈木"，是黄檀属香枝木类，产自我国海南省。海南黄花梨手感温润如玉，带有淡香，红褐色、金黄色纹理相间，木纹或如水波晃动、光泽鲜亮，或有大小不同的"鬼脸"，别致可爱，是文人士大夫和皇室贵族偏爱的珍贵木材。自明朝起，海南黄花梨就作为贡品供朝廷使用。同时，海南黄花梨还有舒筋活血、降血压、降血脂等药用功效。海南黄花梨产自中国海南岛吊罗山尖峰岭，低海拔的平原和丘陵地区，多生长在吊罗山海拔100米左右阳光充足的地方。

香枝木为散孔至半环孔材，心材浅红色、深红色至紫红褐色，常见深浅相间的条纹，辛辣香气较浓，如图1-16所示。

图1-16 香枝木

4. 黑酸枝木类

黄檀属中，8种黑酸枝类木材的统称，包括刀状黑黄檀、黑黄檀、阔叶黄檀、卢氏黑黄檀（俗称大叶紫檀）、东非黑黄檀（俗称紫光檀、乌檀）、巴西黑黄檀、亚马孙黄檀、伯利兹黄檀。非洲产2种：卢氏黑黄檀、东非黑黄檀。美洲产3种：巴西黄檀、亚马孙黄檀、伯利兹黄檀。东南亚3种：刀状黑黄檀、黑黄檀、阔叶黄檀。其中，以卢氏黑黄檀为上品。

黑酸枝为散孔材，心材为紫黑、深紫和红褐色，带黑色条纹，打磨后平整润滑，具有醇厚含蓄的美感，木材也有较明显的醋酸味，如图1-17所示。

图1-17 黑酸枝木

5. 红酸枝木类

黄檀属中，7种红酸枝类木材的统称。红酸枝并非特指一种木材，它包括美洲产4种：赛州黄檀、绒毛黄檀、中美洲黄檀、微凹黄檀；东南亚3种：交趾黄檀（俗称老红木、老挝红酸枝）、巴里黄檀（俗称花枝、花酸枝、紫酸枝）、奥氏黄檀（俗称白枝、白酸枝、黄酸枝、缅甸酸枝）。其中，以交趾黄檀为最佳。

红酸枝生长轮明显，心材多见红褐色、深褐色、黑褐色条纹，棕眼细长，有较明显的醋酸味，木质坚硬密度高，通常沉于水，是制作家具和工艺品的上佳材料。红酸枝在收藏价值上仅次于黄花梨和紫檀，是当今红木市场的主流用材，如图1-18所示。

图1-18 红酸枝木

6. 鸡翅木类

包括非洲崖豆木（俗称非洲鸡翅木）、白花崖豆木（俗称缅甸鸡翅）和铁刀木三个品种的树木，除非洲崖豆木产自非洲，其余均产自亚洲。

鸡翅木为散孔材，心材栗褐色至黑褐色，常见黑色条纹。分为"老鸡翅"与"新鸡翅"两个类别：老鸡木"肌理致密，紫褐色深浅相间成纹，尤其是纵切而微斜的剖面，纤细浮动，予人羽毛璀璨闪耀的感觉"；而新鸡翅木则以显著独特的"V"形鸡翅纹著称，如图1-19所示。

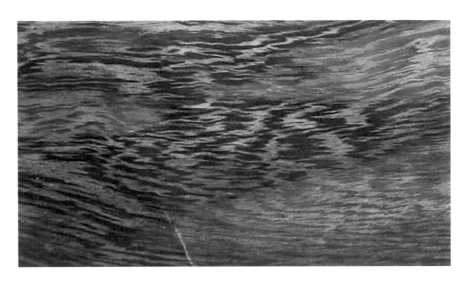

图1-19 鸡翅木

7. 乌木类

柿树属乌木类统称，有乌木、厚瓣乌木、毛药乌木和蓬塞乌木 4 个树种，主要产自菲律宾、印度，只有厚瓣乌木产自热带西非。

乌木为散孔材，心材近黑色，颜色乌黑发亮，结构细密凝重，有油脂感，但因木料小、木性偏脆，少见大件家具和木雕制品，常用来制作筷子、墨盒之类小件工艺品，如图 1-20 所示。

图 1-20 乌木

8. 条纹乌木类

有苏拉威西乌木和菲律宾乌木 2 个品种，均分布于亚洲。其中，以苏拉威西乌木最为常见。

条纹乌木心材呈黑色或栗褐色，间有浅色条纹，纹理和谐，材质重硬，适合制作古典家具、乐器和小件工艺品，如图 1-21 所示。

图 1-21 条纹乌木

(三) 33种红木的性质与识别

1. 紫檀木类树种及其识别特征

表 1-6 木材特性

树种名称 中文名	拉丁名	年轮类型	心材材色	轴向薄壁组织	结构	气干密度	波痕	香气	主要产地	备注
紫檀木(类)	Pterocarpus spp.	散孔材	红至紫红色，久则为深紫或黑紫	同心层式细射线	细至甚细	甚大	可见	有香气或微弱	热带地区	重、硬、色黑紫
檀香紫檀	P. santalinus	散孔材	新切面橘红色，久转为深紫或黑字	同心层式或略带波浪形的傍管细线状	甚细至细	甚大	略见	香气无或很微弱	印度	重、硬、色黑紫

2. 花梨木类树种及其识别特征

表 1-7 木材特性

树种名称 中文名	拉丁名	年轮类型	心材材色	轴向薄壁组织	结构	气干密度	波痕	香气	主要产地	备注
花梨木(类)	Pterocarpus spp.	散孔材至半环孔材	红褐、浅红褐色至紫红褐色	傍管断续带波浪形及同心层细线状	细	大	可见	有香气或很微弱	热带地区	散孔至半环孔材
越柬紫檀	Pterocarpus cambodianus	散孔材，半环孔材倾向明显	红褐至紫红褐色，常带黑色条纹	同心层式或略呈波浪形的傍管细线状	细	大至甚大	可见	有香气	中南半岛	轴向薄壁组织较多，管孔数较少
安达曼紫檀	Pterocarpus dalbergioides	散孔材，半环孔材倾向明显	红褐至紫红褐色，带黑色条纹	傍管带状、断续聚翼状及细线	细	中至大	略见	香气无或很微弱	安达曼群岛	轴向薄壁组织较多，管孔数较少
刺猬紫檀	Pterocarpus erinaceus	散孔材，半环孔材倾向明显	紫红或红褐色，常带黑色条纹	带状及细线状	细	大	可见	香气无或很微弱	热带非洲	轴向薄壁组织较多，管孔数较少
印度紫檀	Pterocarpus indicus	半环孔材或散孔材	红褐、深红褐或金黄，常带深浅相同的深色条纹	同心层式傍管窄带断续聚翼及细线状	细	大	明显	有香气或很微弱	印度、东南亚、中国台湾、广东、云南	轴向薄壁组织较多，有树瘤花纹
大果紫檀	Pterocarpus macarocarpus	散孔材或半环孔材	橘红、砖红或紫红色，常带深色条纹	同心层式傍管带状及细线状	细	甚大	明显	香气浓郁	中南半岛	轴向薄壁组织较多

（续表）

树种名称		木材特性							主要产地	备 注
中文名	拉丁名	年轮类型	心材材色	轴向薄壁组织	结构	气干密度	波痕	香气		
囊状紫檀	Pterocarpus marsupium	散孔材，半环孔材，材倾向明显	金黄褐或浅黄紫红色，常带深色条纹	同心层式傍管带状及细线状	细	大	略明显明显	香气无或很微弱	印度、斯里兰卡	射线组织同形单列及 2 列
鸟足紫檀	Pterocarpus pedatus	散孔材，半环孔材，材倾向明显	红褐至紫红褐色，常带深色条纹	同心层式傍管带状、聚翼状及细线状	细	甚大	可见	香气浓郁	中南半岛	木屑水浸出液蓝绿色荧光明显

3. 香枝木树种及其识别特征

表 1-8

树种名称		木材特性							主要产地	备 注
中文名	拉丁名	年轮类型	心材材色	轴向薄壁组织	结构	气干密度	波痕	香气		
香枝木（类）	Dalbergia spp.	散孔材至半环孔材	红褐至深红色	同心层式细线状或窄带状	细	大	可见	新切面辛辣气味浓郁	亚洲热带地区	
降香黄檀	Dalbergia Odorifera	散孔材至半环孔材	紫红褐或深红褐色，常带黑条纹	傍管带状	细	大	可见	新切面辛辣气味浓郁久则微香	中国海南	轴向薄壁组织较少，射线 1~3 列，4 列可见

4. 黑酸枝木树种及其识别特征

表 1-9

树种名称		木材特性							主要产地	备 注
中文名	拉丁名	年轮类型	心材材色	轴向薄壁组织	结构	气干密度	波痕	香气		
黑酸枝木（类）	Dalbergia app.	散孔材	栗褐色，常带明显的黑条纹	同心层式细线状带状	细	绝大多数甚大	可见或明显	有酸香气或很微弱	热带地区	绝大多数沉于水
刀状黑黄檀	Dalbergia cultrata	散孔材	新切面紫黑或紫红褐色，常带深褐色或栗褐色深条纹	同心层式波浪形傍管带状及细线状	细	大致甚大	可见	新切面有酸香气	缅甸、印度	轴向薄壁组织较多

（续表）

树种名称 中文名	拉丁名	年轮类型	心材材色	轴向薄壁组织	结构	气干密度	波痕	香气	主要产地	备注
黑黄檀	Dalbergia fusca	散孔材	新切面面紫、黑或栗褐色，常带紫或黑褐色窄条纹	同心层式窄带状	细	甚大	明显	无酸香气或很微弱	中国、缅甸、印度、越南	轴向薄壁组织较多
阔叶黄檀	Dalbergia latifolia	散孔材	浅金褐、黑褐、紫褐或深紫色，常带紫色条纹	断续带状、局部波浪形	细	大至甚大	可见	新切面有酸香气	印度、印度尼西亚	射线组织有异形Ⅲ型倾向
卢氏黑黄檀	Dalbergia louvelii	散孔材	新切面橘红色，久转为深紫	细心式略呈波浪形的傍管细线状	甚细至细	甚大	可见	酸香气微弱	马达加斯加	射线单列、轴向薄壁组织较少
东非黑黄檀	Dalbergia melanoxylon	散孔材	黑褐至黑紫褐色、常带黑色条纹	星散聚合、断续聚翼状	甚细	甚大	可见	无酸香气或很微弱	东非	木射线迭生不明显、轴向薄壁组织较少
巴西黑黄檀	Dalbergia nigra	散孔材	黑褐、巧克力色至紫褐色、常带有明显的黑黑条纹	细线状	细	大至甚大	明显	新切酸香气浓郁	热带南美洲，特别是巴西	射线组织有异形Ⅲ型倾向明显
亚马孙黄檀	Dalbergia spruceana	散孔材	红褐、深紫灰褐、常黑色条纹细线状	环管束状	细	大	不明显	无酸香气或很微弱	南美亚马孙	管孔数较少
伯利兹黄檀	Dalbergia stevensonii	散孔材	浅红褐、黑褐或紫褐色、常带黑色条纹	细线状	细	大至甚大	可见	无酸香气或很微弱	中美洲伯利兹	轴向薄壁组织较少、管孔数较少

5. 红酸枝木树种及其识别特征

表1-10

树种名称 中文名	拉丁名	年轮类型	心材材色	轴向薄壁组织	结构	气干密度	波痕	香气	主要产地	备注
红酸枝木（类）	Dalbergia spp.	散孔材至半环孔材	红褐或紫红褐色	同心层式细线状或带状	细	绝大多数甚大	可见或明显	有酸香气或很微弱	热带地区	绝大多数沉于水、纹理交错在径切面上形成带状花纹

（续表）

树种名称		木材特性							主要产地	备注
中文名	拉丁名	年轮类型	心材材色	轴向薄壁组织	结构	气干密度	波痕	香气		
巴里黄檀	Dalbergia bariensis	散孔材	新切面紫红褐或暗红褐，常带黑褐或栗褐色细条纹	细线状	细	甚大	未见或可见	无酸香气或很微弱	亚洲	常沉于水
赛州黄檀	Dalbergia cearensis	散孔材	粉红褐、深紫褐或金黄，常带紫褐或黑褐色细条纹	星散和环管束状，稀短聚翼状及细线状	甚细	甚大	明显	无酸香气或很微弱	热带南美洲，特别是巴西	射线组织有异形Ⅲ型倾向，管孔小而数多
交趾黄檀	Dalbergia cochinchinensis	散孔材	新切面紫红褐或暗红褐，常带黑褐或栗褐色深条纹	同心层式细线状	细	甚大	可见	有酸香气或微弱	中南半岛	射线单列及2列、3列可见
绒毛黄檀	Dalbergia Frutescens var. tomentosa	散孔材至半环孔材	微红、紫红、常带深红褐或橙红褐色深条纹	星散聚合、聚翼状	细	大至甚大	可见	无酸香气或很微弱	热带南美洲，特别是巴西	射线组织有异形Ⅲ型倾向
中美洲黄檀	Dalbergia granadillo	散孔材	新切面暗红褐或桔红褐至深红褐褐色条纹	细线状、星散聚合、环管束状	细	甚大	明显	新切面气味辛辣	南美洲及墨西哥	射线单列及2列可见
奥式黄檀	Dalbergia oliveri	散孔材	新切面柠檬红、红褐至深红褐、常带明显黑色条纹	同心层式带状或细线状	细	甚大	可见	新切面有酸香气或微弱	中南半岛	射线组织有异形Ⅲ型少见，薄壁组织较多，轴向
微凹黄檀	Dalbergia retusa	散孔材	新切面暗红褐、桔红褐至深红褐，常带黑褐色条纹	细线状、星散聚合、环管束状	细	甚大	不明显	新切面气味辛辣	南美及中美洲	射线单列及2列成对可见

6. 乌木树种及其识别特征

表 1-11

| 树种名称 | | 木材特性 | | | | | | | 主要产地 | 备注 |
中文名	拉丁名	年轮类型	心材材色	轴向薄壁组织	结构	气干密度	波痕	香气		
乌木（类）	Diospyros spp.	散孔材	全部乌黑色	同心层式离管细线 疏环管数少	细	甚大	未见	无	热带地区	心材全部乌黑色
乌木	Diospyros ebenum	散孔材	全部乌黑 浅色条纹稀见	同心层式离管细线	甚细	大至甚大	未见	无	斯里兰卡及印度南部	轴向薄壁组织较多
厚瓣乌木	Diospyros crassiflora	散孔材	全部乌黑色	同心层式离管细线	甚细	甚大	未见	无	热带西非	
毛药乌木	Diospyros pilosanthera	散孔材	全部乌黑色	同心层式离管细线	细	大至甚大	未见	无	菲律宾	
蓬塞乌木	Diospyros poncei	散孔材	全部乌黑	同心层式离管细线	细	甚大	未见	无	菲律宾	

7. 条纹乌木树种及其识别特征

表 1-12

| 树种名称 | | 木材特性 | | | | | | | 主要产地 | 备注 |
中文名	拉丁名	年轮类型	心材材色	轴向薄壁组织	结构	气干密度	波痕	香气		
条纹乌木（类）	Diospyros spp.	散孔材	黑色或栗褐色，间有浅色黑条纹	同心层式离管细线 疏环管数少	细	绝大多数甚大	未见	无	热带地区	心材乌黑带有条纹
苏拉威西乌木	Diospyros celebica	散孔材	黑或栗褐色，带深色条纹	同心层式离管细线	细	甚大	未见	无	印度尼西亚	
菲律宾乌木	Diospyros philippensis	散孔材	黑、乌黑或栗褐色，带黑色或栗褐色条纹	同心层式离管细线	甚细	大至甚大	未见	无	菲律宾 斯里兰卡 中国台湾	

8. 鸡翅木树种及其识别特征

表 1-13

木材特性

树种名称		年轮类型	心材材色	轴向薄壁组织	结构	气干密度	波痕	香气	主要产地	备 注
中文名	拉丁名									
鸡翅木（类）	Millettia spp. Cassia sp.	散孔材	黑褐色或栗褐色	傍管带状或聚翼状	细至中	通常大	未见或略见	无	热带地区	略等宽浅色的轴向薄壁组织带与深色的纤维带在弦切面相间，形成鸡翅状花纹
非洲崖豆木	Millettia laurentii	散孔材	黑褐色，带黑色条纹	傍管带状或聚翼状	细至中	不明显	无	刚果（布）刚果（金）	轴向薄壁组织带与纤维带略等宽或稍窄
白花崖豆木	Millettia leucantha	散孔材	黑褐色或栗褐色带黑色条纹	傍管带状或聚翼状	细至中	略见	无	缅甸泰国	轴向薄壁组织带与纤维带略等宽或稍窄
铁刀木	Cassia siamea	散孔材	黑褐色或栗褐色带黑色条纹	傍管带状或聚翼状	细至中	未见	无	南亚及东南亚，中国云南、福建、广东、广西	轴向薄壁组织带与纤维带略等宽或稍窄

五、任务实施

（一）工作准备

材料：常用红木 10 种，样板规格 300×200×20（mm）。如图 1-22 所示。

工具：放大镜。

制订工作计划：工作计划内容包括项目完成的时间、地点以及完成的数量和质量，主要操作步骤和技术要点。

（二）任务实施

红木的识别、宏观特性观察与记录。观察所提供的常用 10 种红木样板，根据样板编号，写出其对应的中文名称，并将其外观特性记录在表 1-14 中。

赞比亚红檀

印尼黑酸枝

非洲鸡翅木

印尼条纹乌木（黑檀）

墨西哥黄花梨

大叶黄花梨（伯利兹黄檀）

缅甸花梨木

紫光檀

小叶紫檀

红檀香（香脂豆木）

图1-22 常见红木小样

表 1-14 木材宏观特性观察记录表

年 月 日

样板编号	树种名称	木材特性							主要产地	备 注
	中文名	年轮类型	心材材色	轴向薄壁组织	结构	气干密度	波痕	香气		
01										
02										
03										
04										
05										
06										
07										
08										
09										
10										

（三）成果提交

1. 常用 10 种红木宏观特性记录表。
2. 常用 10 种红木的识别（表 1-14 中的按编号识别红木）。
3. 成果认定：提交成果按百分制评定成绩，分为准确性、完整性、综合素质三个方面评价。

正确性：占总分的 50%，考核学生完成任务的正确程度。

完整性：占总分的 40%，考核学生完成任务的圆满程度，是否完成所有任务。

综合素质：占总分的 10%，考核学生文明施工、爱护环境等综合素质。

六、知识拓展

（一）竹材

竹材和木材一样，都属于自然材料，具有天然的质感和色泽。我国竹资源丰富，主要分布在长江流域以南地区。竹材是世界上最古老的家具材料之一，竹材与木材相比，具有以下优点：

（1）环保性好：生长周期短、产量高，均可再生，不影响生态。竹藤家具在加工过程中采用特种胶粘剂，不会对人有害，有利于家居环境。加工过程中产生的废弃料可直接焚烧掉并把它作为有机肥料。

（2）竹材坚硬密实：竹材韧性非常好，抗压、抗弯强度高。

（3）竹材光滑细致，具天然纹理，清新雅致、自然朴素，还带有淡淡的乡土气息。

（4）竹材孔隙率极低，不积尘、不吸水、易清洁。

适合家具的竹材主要有：

刚竹：竹干直，质地坚硬密实，常用作竹家具骨架材料。

毛竹：材质坚硬、强韧，劈篾性能好，竹青适合制作竹席、竹垫，竹黄可用于生产重组竹。

淡竹：竹干均匀细长，色泽美观，是制作家具的优良竹材。

水竹：竹干端直，质地坚硬，适合于竹家具和竹编织。

（二）重组竹

重组竹又称重竹，是一种将竹材重新组织并加以强化成型的一种竹质新材料，也就是将竹材加工成长条状竹篾、竹丝或碾碎成竹丝束，经干燥后浸胶，再干燥到要求含水率，然后铺放在模具中，经高温高压热固化而成的型材。

重组竹的制造工艺流程如下，不同原料和要求工艺略有不同。

（1）湿竹材→截断→剖分→劈篾或拉竹丝→（碳化）→干燥→浸胶→干燥→装模→热压固化→脱模→重组竹型材。

（2）竹材→截断→软化→去竹青→疏解→干燥→涂胶→干燥→组胚→热压→重组竹。

（3）竹材→截断→剖分→去青辗压疏解→干燥→浸胶→组胚→热压→重组竹。

重组竹的种类：根据竹材小单元颜色和组成的不同，可分为本色、碳化色和斑马纹重组竹。本色重组竹的竹材小单元未经调色处理，利用竹材本来的颜色制成；碳化色重组竹，则将竹材小单元进行碳化处理，使它具有棕褐色（即碳化色），然后热压而成；斑马纹重组竹实际上是将本色竹篾与碳化色竹篾按一定规律混搭组胚热压而成，使重组竹的颜色、纹样具有小鞋木豆（俗称斑马木）的纹理材色效果。

（三）重组竹的特点

1. 材性优良

重组竹具有良好的物理力学性能。重组竹的物理力学性能可以通过结构、制造工艺进行调节，使其符合使用的需要。

2. 质感优良，纹色美丽

重组竹具有天然木质感，表面有木材导管状的细沟槽，表面纹理有的似直条状的径切纹，有的似山形的弦切纹，还有小节状的涡纹，自然流畅，富于变化。材色也多样，可以制成浅黄褐色（本色）或棕褐色（咖啡色），也可做成棕褐色与淡黄褐色相交错的斑马木色。根据产品造型需要，还可以将其染成各种材色。重组竹的触感与木材相同，温暖可亲，滑爽宜人。

3. 加工方便

可利用通用的木材加工设备和工艺对重组竹进行加工。重组竹家具的结构完全可以采用传统的家具榫接合，也可采用现代的连接件结构。可用木工胶胶合，胶合性能良好，涂装工艺和使用的涂料与木家具相同。

4. 可持续供给，绿色环保

中国是世界上竹类资源最丰富的国家，竹子种类、竹林面积、蓄积量均占世界之冠，素有"竹子王国"之称。竹材是速生材，成长期短，如毛竹 4～6 年即可采伐利用，一些小径竹，成长期更短，因此，一旦育成竹林，管理得当，合理采伐，就可以源源不断地提供。

（四）藤材

藤材在家具制造中应用广泛，既可以单独制作藤制家具，也可以与木材、竹材、金属配合使用，制成各式各样造型优雅的家具。

藤材分为藤条、芯藤、皮藤，用于各式各样的图案编织，用于沙发及椅类家具制作。

湿藤柔软，干后坚韧。藤材韧性好，编制面坐卧舒适透气。

藤制家具制作十分考究，需经过打光、上光油涂抹，甚至油漆彩色，使成品显得牢固耐用。

七、巩固练习

1. 名词解释

（1）红木

（2）心材

（3）木材含水率

（4）轴向薄壁组织

（5）重组竹

2. 简答题

（1）比较表观密度、气干密度、绝对密度三概念的差异性？

（2）"十檀九空，百年寸檀"说明了什么？

（3）乌木和条纹乌木的外观识别？

3. 分析论述题

（1）分析红木制作家具的优缺点？

（2）红木干燥时开裂、变形的原因分析？

模块二　人造板材

项目一　人造板的种类

任务一　人造板的分类识别与应用

一、任务描述

人造板是生产木质家具主要材料之一。人造板按其生产工艺和结构的不同，可分为胶合板、刨花板、纤维板、指接板等。通过该任务的实施，使学生了解各种人造板的构成，掌握其性能特点，具有识别和合理使用人造板材的专业技能。

二、学习目标

知识目标：

(1) 掌握人造板的构成、种类与性能特点。

(2) 具有分析人造板性能特点的专业知识。

(3) 具有检验人造板质量的专业知识。

能力目标：

(1) 能够正确识别、检验胶合板、刨花板、纤维板、指接板、细木工板等人造板材。

(2) 能够正确分析各种人造板的性能特点。

三、任务分析

课时安排：6 学时。

知识准备：人造板的种类、构成与性能特点。

任务重点：人造板的识别与检验。

任务难点：人造板的构成与性能特点。

任务目标：能准确检查人造板的外观质量，正确对人造板进行分类与识别，正确分析该板材的性能特点。

任务考核：分外观质量检验、分类识别和特性描述三部分考核，其中外观检验 40 分，分类识别 30 分，特性分析与描述 30 分，总分 60 分以上考核合格。

四、知识要点

人造板（wood based panel），以木材或其他非木材植物为原料，经一定机械加工分离成各种单元材料后，施加或不施加胶粘剂和其他添加剂胶合而成的板材或模压制品。

人造板主要包括胶合板、细木工板、刨花板、纤维板、实木指拼板等五类产品，其延伸产品和深加工产品达上百种。

人造板的诞生，标志着木材加工现代化时期的开始，人造板的使用可提高木材的综合利用率，1 立方米人造板可代替 3～5 立方米原木使用。

（一）刨花板

1. 概述

刨花板又称碎料板，是将木材加工剩余物、小径级木材、木屑、枝丫材等物切削成一定规格的碎片，经过干燥，拌以胶料、硬化剂、防水剂等，在一定的温度、压力下压制成型的一种人造板材。刨花板的生产，充分利用了木材的枝丫材和木材加工剩余物，使木材的综合利用率大大提高。刨花板的制造大致分为五个工艺环节：

刨花的制备：将木材的枝丫材、小径级木材经削片、粉碎加工成刨花的过程。

刨花的干燥与分选：加工成型的湿刨花经强制干燥后，按颗粒大小风选分开的过程。即粗细刨花分开。

刨花的涂胶与铺装：粗细刨花涂胶后，按照表层细刨花、中间粗刨花铺装成型的工艺环节。

刨花板的压制：对铺装成型的板先预压、再热压，压制成一定厚度规格的刨花板的工艺过程。

刨花板的后期处理：包括裁边、表面砂光等工艺环节。

刨花板的生产连续性强，一般是自动化生产线生产。

2. 刨花板的分类

（1）刨花板按产品密度分

低密度（0.25～0.45g/cm³）、中密度（0.55～0.70g/cm³）和高密度（0.75～1.3g/cm³）三种，常用的是密度为 0.65～0.75g/cm³ 的刨花板。

（2）按板坯结构分

单层结构刨花板、三层结构刨花板和渐变结构刨花板。一般来说，薄板采用单层结构，厚板采用三层结构，即两边细刨花、中间粗刨花的对称结构。如图 2-1 所示。

（3）按耐水性分

普通刨花板、防潮刨花板、防水刨花板。三种板结构相同，一般是三层结构。不同的是防潮刨花板、防水刨花板在制造时加入了疏水性的防水材料。为了和普通刨花板区分开来，通常在刨花中加入绿色色素以示区别，即防潮刨花板、防水刨花板的刨花颗粒呈现绿色。如图 2-2 所示。

图 2-1　三层结构刨花板

图 2-2　三聚氰胺浸渍纸饰面防潮刨花板

（4）按照刨花的形态分

颗粒板、定向刨花板。普通三层结构刨花板由颗粒状刨花组成，颗粒刨花没有方向性，随机铺装，俗称颗粒板。定向刨花板由木片刨花组成，采用定向铺装技术铺装成型，称为定向刨花板或 OSB 板。如图 2-3 所示。

图 2-3　定向刨花板

（5）按照环保等级分

刨花板生产一般采用脲醛树脂胶，胶中含有未完全反应的游离甲醛（国际公认的致癌物质），所以脲醛树脂胶的质量决定了刨花板的环保性能。欧洲国家根据人造板中的游离甲醛含量，将刨花板划分为 E0级、E1级板材。E1级规定板材中的游离甲醛含量≤9mg/100g，E0级游离甲醛含量≤3mg/100g。

3.刨花板的规格、尺寸偏差及外观质量

（1）刨花板的规格

刨花板由刨花压制成型，其规格不受原材料规格的限制，所以可以生产大幅面的板材。

常用的覆面规格：1220×2440，2080×2800（单位：mm）。

厚度规格：3、5、9、12、16、18、25（单位：mm）。常用的厚度是16、18、25三种厚度规格。

（2）刨花板的尺寸偏差

根据国标《刨花板》GB/T4897—2015的规定，刨花板素板的尺寸偏差应满足表2-1的要求。

表2-1 刨花板尺寸偏差标准

项　　目		基本厚度范围	
		≤12mm	>12mm
厚度偏差	未砂光板	+1.5mm -0.3mm	+1.7mm -0.5mm
	砂光板	±0.3mm	
长度和宽度偏差		±2mm/m，最大值±5mm	
垂直度		<2mm/m	
边缘直度		≤1mm/m	
平整度		≤12mm/m	

（3）刨花板的外观质量

刨花板的质量主要包括外观质量和物理力学性能两个方面。其中外观质量缺陷是造成产品降等的最主要因素。刨花板外观质量缺陷主要有：松边、表面粗刨花、凹陷、表面固化不良、结构松散、胶斑、锯边不平直、缺角、漏砂等。根据国标《刨花板》GB/T4897—2015的规定，刨花板外观质量缺陷应符合表2-2的要求。

表2-2 刨花板外观质量标准

缺陷名称	允许值
断痕、透裂	不允许
压痕	肉眼不允许
单个面积>40mm² 的胶斑、石蜡斑、油污斑等污染点	不允许
边角残损	在公称尺寸内不允许
注：其他缺陷及要求由供需双方协商确定	

4.刨花板的性能特点与应用

（1）刨花板的性能特点

刨花板作为板式家具的主要材料，它具有如下特点：

① 密度：常用刨花板的密度是 $0.65\sim0.75g/cm^3$，与中等硬度的木材接近（水曲柳：$0.686g/cm^3$），满足家具生产材料的要求。

② 空隙、孔隙：刨花板由颗粒刨花胶压而成，颗粒之间存在较多的空隙，而每一个木材颗粒内部也存在较多的孔隙，所以刨花板是一个空隙、孔隙并存的结构较疏松的人造板材。所以刨花板具有吸水、吸湿、吸音、保温隔热的特点。

③ 与水相关的性质：刨花板内空隙、孔隙的存在，导致刨花板吸水、吸湿性强，且吸水吸湿后极易产生厚度膨胀，所以未经防水防潮处理的普通刨花板耐水性较差，制作家具时应及时进行封边处理。经防水防潮处理后的刨花板，能有效阻止其吸水吸湿后厚度的膨胀，广泛用于厨房家具、厕所隔断等潮湿环境。

④ 与热相关的性质：刨花板内空隙、孔隙的存在，使得刨花板具有保温隔热的特性，具有天然木材的温暖感。

⑤ 刨花板的力学性质：对于常用的三层结构刨花板而言，其力学性质具有如下特点：

结构对称：两边细刨花、中间粗刨花，结构对称，应力均衡，不易变形。

板面均质：板面细小颗粒状的刨花随机铺装，均质均匀，使用时没有方向性。

静曲强度：刨花板中间为大颗粒刨花，保留了木材的弹性与韧性，具有较好的静曲强度，优于中密度纤维板。

握钉力：刨花板中间为大颗粒刨花，保留了木材的弹性、韧性及握钉力好的优点，具有较好的握钉力，优于中密度纤维板。特别是握木螺钉的能力好。

⑥ 刨花板的加工性：刨花板制造时大量地使用热固性脲醛树脂胶，使得板块硬度较大，手工锯解加工困难。刨花板中间为较疏松的大颗粒刨花，所以不适合型边的铣削加工，也不适合刨削加工，不适合表面雕刻加工。

⑦ 刨花板的饰面性：刨花板表面光滑平整度较差，即使经过砂光后，表面依旧凸凹不平。所以刨花板不宜选用柔性材料饰面，如 PVC、微薄木等，理想的饰面材料是三聚氰胺浸渍纸饰面、耐火板饰面、单板饰面、厚薄木饰面等。如图 2-4 所示为常见的刨花板饰面板材。

SQ 浸渍纸饰面刨花板　　　　　　　　　　薄木饰面刨花板

图 2-4　饰面刨花板

⑧ 刨花板的环保性：刨花板在制造过程中使用的胶粘剂的量较大，所以游离甲醛的含量很难避免。室内家具使用的刨花板基材应达到 E1 环保标准要求。

⑨ 刨花板幅面规格大，是唯一高度达到 2800mm 的人造板材（一般人造板材均为 2440mm）。

（2）刨花板的主要应用

① 家具行业：刨花板是板式家具生产的主要材料。一方面刨花板经三聚氰胺浸渍纸饰面后，装饰性

好，使用性能优异（耐磨、耐高温、耐一般酸碱盐），具有免涂饰性。另一方面刨花板板面均质无方向性，适合于连接件的钻孔与安装。刨花板同时也具有较好的力学性能如静曲强度等，刨花板和同等厚度的密度板相比较，价格也相对便宜，具有良好的经济性。综上所述，三聚氰胺浸渍纸饰面刨花板常用于定制家具（整体厨柜、整体衣柜）、办公家具、实验室家具、学生公寓家具的制造。如图 2-5、图 2-6 所示。

图 2-5　浸渍纸饰面刨花板制作的书房、厨房家具

图 2-6　浸渍纸饰面刨花板制作的实验室家具、办公家具

②装饰行业：防潮、防水的三聚氰胺浸渍纸饰面刨花板，具有优异的使用性能，常作为厕所隔断、吸音墙板的材料。定向刨花板强度大、稳定性好，还可用做建筑结构板材、隔墙板材等。如图 2-7 所示。

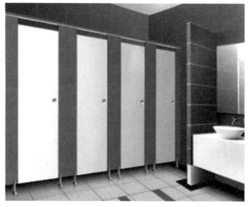

图 2-7　刨花板在装饰行业的应用

（二）胶合板

1. 概述

胶合板是将原木旋切成木单板，单板经干燥、拼接、涂胶后按木纹方向纵横交错配成板坯，在高温高压的条件下压制而成木质人造板材。所以其基本组成为单板材料。

单板组坯时遵循奇数层原则，纵横交错、对称配置的原则。

胶合板的生产分为五个工艺环节：

单板的制造：原木经水煮等软化处理后，再经旋切加工制成单板。单板的厚度一般在 1mm 左右，随着旋切工艺的改进，目前可以旋切 3mm 厚的单板。

单板的干燥与剪拼：旋切出来的湿单板，经干燥、剪切、拼接后，成为幅面略大于 1220mm ×2440mm 的单板。根据质量和树种的不同，分为表板、芯板、背板。其中表板、背板为纵向纹理（2440mm 的长度方向），芯板为横向纹理（2440mm 的长度方向）。

单板涂胶与组坯：芯板涂胶，并组坯。遵循纵横交错、奇数层和上下对称的原则。

胶合板热压：在高温高压作用下，脲醛树脂胶固化，胶压成胶合板。

胶合板修整处理：成型的胶合板进行裁边、填补、表面砂光等修整处理。

胶合板生产的许多工艺环节需要人工处理，一般采用分段式生产模式，自动化程度低。

2. 胶合板的分类

（1）按照单板层数分

常用的有三夹板、五夹板、九夹板（或九厘板）、多层板等。按照每层单板 1mm 厚度的原则，三夹板的厚度即为 3mm，五夹板即为 5mm。厚度规格在 9mm 以上的，习惯称为多层板。

（2）按照面板的树种分

阔叶材胶合板、针叶材胶合板。

（3）按照耐水性分

按照胶合板所使用的胶粘剂的耐水性、耐用性及胶合板的使用场所的不同，可分为室内型胶合板、室外型胶合板两大类，或者以下四类：

Ⅰ类胶合板：耐气候、耐沸水胶合板，常用酚醛树脂胶或三聚氰胺树脂胶或者性能相当的胶生产，主要用于室外场所。

Ⅱ类胶合板：耐水胶合板，常用脲醛树脂胶生产，主要用于室内场所及家具。

Ⅲ类胶合板：耐潮胶合板，只用于家具和一般用途。

Ⅳ类胶合板：不耐水胶合板，只适用于室内常态和一般用途。

（4）按照胶合板质量等级分

分为优等品、一等品和合格品三个等级。

（5）按照胶合板的表面饰面分

常用的有未饰面胶合板（俗称普通胶合板）、薄木饰面胶合板（俗称面板）、三聚氰胺浸渍纸饰面胶合板。未饰面胶合板纹理、色泽较差，装饰性差，一般作为非看面材料使用。薄木饰面胶合板有珍贵木材的纹理和色泽，是家具制作、装修饰面的主要材料。三聚氰胺浸渍纸饰面胶合板具有装饰效果好、使用性能优、免油漆涂饰的特点，广泛用于多层实木生态板的制造。如图 2-8 所示为常用的胶合板饰面板材。

3. 胶合板的规格与质量

胶合板的规格受到原材料规格和旋切设备的制约，所以常见的胶合板都是 4 英尺 ×8 英尺的板。

图 2-8　普通胶合板、薄木饰面胶合板、浸渍纸饰面胶合板比较

幅面：915×1830，1220×1830，915×2135，1220×2440，常用规格为 1220×2440（单位 mm）。

厚度：2.7、3、3.5、4、5、5.5、6、7、9、12、15、18mm 等，一般三层胶合板厚度在 2.6～6mm，五层胶合板厚度在 5～12mm，七至九层胶合板为 7～19mm，十一层胶合板厚 11～30mm。

胶合板的尺寸偏差及公差要求、翘曲度等技术指标和技术要求可参见胶合板国家标准中的相关规定。

胶合板质量的好坏，直接影响到它的用途以及使用价值，检查产品质量从以下三个方面来进行：

（1）尺寸方面：检查板的厚度、长度及宽度、两对角线及翘曲度等是否符合国家规定要求，特别是长、宽度，其尺寸只能有正公差，不允许负公差。

（2）外观质量：国标规定，普通胶合板按材质缺陷和加工缺陷分成三个等级，即优等品、一等品、合格品。

检查缺陷时，一些缺陷会影响外观的，如活节、裂缝、腐朽、补片、板边缺损等，根据出现的多或少，只要在标准允许的范围内即可。一些缺陷，直接影响产品强度，如鼓泡、分层等，这是任何等级也不允许的。

（3）物理力学性能：国标规定为含水率和胶合强度两项，而且是最重要的两项。国标规定使用树脂胶粘剂时，Ⅰ、Ⅱ类胶合板其含水率应控制在 5%～14% 范围，胶合强度应控制在 0.7～0.8MPa 范围（桦木≥1.0MPa）。

4. 胶合板的性质与应用

（1）胶合板的特性

胶合板广泛用于家具制造、室内装饰装修工程，它具有如下特点：

① 密度与孔隙：胶合板的密度大于同材种的木材。胶合时的单位压力越大，则胶合板的密度也越大。由于木材在高温下易产生塑性变形，热压胶合比冷压胶合的压缩率要大。

胶合板一般采用软质木材加工制造，所以胶合板较同等厚度的木材、刨花板、纤维板均较轻，且胶合单板内孔隙率较大。

② 与水相关性质：胶合板单板材料质地较软，孔隙率较大，吸水、吸湿性较强。具有调湿作用。胶合板的耐水性主要取决于单板的胶合强度，胶的耐水性好，所制成的胶合板也就具有较好的耐水性。胶合板遭水破坏会导致单板分层，从而失去强度和使用价值。

③ 与热相关性质：由于胶合板由纵横交错的单板配制而成，其导热系数低于同材种的木材。但是胶合板孔隙率较大。具有优异的保温、隔热、吸声、吸湿性，具有木材的冷暖感。

④ 力学性质：国际标准化组织对普通胶合板的生产，从结构、成品含水率、质量三个方面作出规定。

◆ 结构：相邻层单板纵横交错、对称配置，各层单板树种相同、厚度相等，面、背板紧面向外。胶合板的组坯构造，克服了木材各向异性的缺陷，板面材性均匀、平整、不开裂、不变形。

◆ 含水率：按照国家标准，Ⅰ、Ⅱ类胶合板绝对含水率平均不超过 14%，Ⅲ类胶合板含水率不超过 16%。

表 2-3 胶合板含水率（%）

胶合板树种	Ⅰ、Ⅱ类	Ⅲ类
阔叶树材（含热带阔叶树材）	5～14	5～16
针叶树材		
此表摘自国家标准《普通胶合板》（GB/T9846—2015）		

◆ 质量：成品应有矩形直边和明显的棱角；每一名义厚度的最少层数要符合有关规定。

胶合板的胶合强度应符合表 2-4 的规定。——摘自《普通胶合板》（GB/T9846—2015）

表 2-4 胶合板的强度值（MPa）

树种名称或木材名称或国外商品材名称	类别	
	Ⅰ、Ⅱ类	Ⅲ类
椴木、杨木、拟赤杨、泡桐、橡胶木、柳桉、奥克榄、白梧桐、异翅香、海棠木、桉木	≥0.7	≥0.7
水曲柳、荷木、枫香、槭木、榆木、柞木、阿必东、克隆、山樟	≥0.8	
桦木	≥1.0	
马尾松、云南松、落叶松、云杉、辐射松	≥0.8	

⑤ 加工性：胶合板质地较软、加工方便，锯、铣、刨、砂均可。由于组坯时单板纵横交错，所以板的侧边美观程度较差，必须封边或收口处理。表面不适合深度雕刻加工。

薄型胶合板具有良好的弯曲性，利用这一特性，采用多层胶合弯曲原理，可以制作曲线型家具部件。厚型胶合板（多层板）弹性、韧性好，板面平整光滑，是实木复合地板的理想材料。

⑥ 饰面性：胶合板表面光滑平整、不开裂、不变形，饰面性良好，主要采用薄木饰面、三聚氰胺浸渍纸饰面。

⑦ 环保性：胶合板的甲醛释放量应符合国家标准《室内装饰装修材料人造板及其制品中甲醛释放限量》（GB/T18580—2015）。

E1 板材：≤1.5mg/L，可直接用于室内工程。

E2 板材：≤5.0mg/L，饰面后可允许用于室内工程。

（2）胶合板的应用

① 家具行业：薄木饰面胶合板具有天然珍贵木材的纹理和花色，广泛用于家具表面饰面，是制作双包镶结构板式家具、实木家具的理想面材；利用薄胶合板的弯曲性，常用于制作曲面家具部件；三聚氰胺浸渍纸饰面的多层板，美观实用，免漆环保，是制作高端板式家具的理想板材，广泛用于定制家具企业。

② 装饰行业：薄木饰面胶合板是装修工程的主要饰面板材，在软包墙面、木质吊顶、家具工程中均得到广泛应用。多层胶合板薄木饰面或浸渍纸饰面加工制成的多层实木复合地板，具有不开裂、不变形、弹性好、脚感舒适的特点，是理想的铺地材料。利用胶合板不开裂、不变形的优点，普通 9mm 胶合板常用作龙骨轻质隔墙、吊顶、墙面软包的铺底材料。

③ 建筑行业：防水胶合板可以作为建筑模板使用。

（三）纤维板

1．概述

以木材的枝丫材、加工的边角余料及速生材为原材料，经削片、热磨制成木纤维，再经干燥、施胶、铺装、热压制成的人造板材，称为密度板。

纤维板的主要生产工艺流程是：原料准备→削片→（水洗）→筛选→蒸煮软化→纤维热磨与分离→纤维干燥→（施胶）→铺装→预压→热压→冷却→裁边→堆放→砂光→检验→成品。

纤维板在制造过程中，将木材加工成木纤维，完全破坏了木材本身的胶合结构，造就了纤维板特有的性质。如图2-9所示。

图2-9 中密度纤维板

2．纤维板的分类

（1）按原料分

木质纤维板：以木材为原材料加工制成的密度板。

非木质纤维板：以其他非木质材料为原料制成的密度板。

（2）按制造方法分

湿法纤维板：以水为热磨介质，成型时不加胶或少量加胶制成的密度板。

干法纤维板：以空气为热磨介质，用水量极少，成型加胶制成的密度板。

（3）按密度分

软质纤维板（LDF）：密度小于$0.4g/cm^3$。

中密度纤维板（MDF）：密度介于$0.4\sim0.8g/cm^3$。

高密度纤维板（HDF）：密度一般为$0.8\sim0.9g/cm^3$。

3．中密度纤维板的规格与质量

（1）中密度纤维板的规格与尺寸检验

中密度纤维板是家具、装饰广泛使用的人造板材，按照国家标准《中密度纤维板》（GB/T11718—2009）的分类，将中密度纤维板分为三类：

普通型中密度纤维板：通常不在承重场合使用，也不用于家具制造。

家具型中密度纤维板：作为家具或装饰装修使用。

承重型中密度纤维板：通常用于小型结构部件，或在承重状态下使用。

中密度纤维板的尺寸规格有：

幅面：常见尺寸为 1220×2440（mm）。

厚度：常用厚度有 3mm、6mm、8mm、9mm、12mm、15mm、18mm、25mm。

中密度纤维板的尺寸偏差应符合国标《中密度纤维板》（GB/T11718—2009）中的规定，如表2-5所示。

表2-5　中密度纤维板尺寸偏差表

性能		单位	公称厚度范围（mm）	
			≤12	>12
厚度偏差	不砂光板	mm	−0.30～+1.50	−0.50～+1.70
	砂光板	mm	±0.20	±0.30
长度和宽度偏差		mm/m	±2.0	
垂直度		mm/m	<2.0	
注：每张砂光板内各测量点的厚度不应超过其算术平均值的±0.15mm				

（2）中密度纤维板的质量要求

① 板的缺陷与检测

分层/鼓泡：不允许有。

边角缺损：厚度≤10mm 时不允许有。

油污：不允许有。

炭化：不允许有。

② 吸水膨胀率（表2-6）

表2-6　中密度纤维板厚度吸水膨胀率表

厚度（mm）	1.8～2.5	2.5～4.0	4.0～6.0	6.0～9.0	12～19	30～45
膨胀率（%）	≤45	≤35	≤30	≤15	≤10	≤6

③ 含水率

6%～10%。

④ 甲醛含量

用穿孔萃取法每 100 克绝干人造板甲醛释放量小于 9mg/100g（E1 级标准）。

⑤ 强度

表面结合强度大于 1.2MPa；内结合强度大于 0.45MPa；静曲强度大于 20MPa；握钉力：板边大于800N，板面大于1000N。

4. 中密度纤维板的性能特点与应用

（1）中密度纤维板的性能特点

目前使用的纤维板以干法纤维板为主，主要包括中密度纤维板和高密度纤维板。它具有如下性质：

① 密度：中密度纤维板密度介于 0.4～0.8g/cm³，大小适中，接近中等硬度木材（水曲柳 0.688g/

cm^3），是家具生产的理想材料。

②空隙：纤维之间存在空隙，密度越大，空隙越小，阻止水分进入的能力越强，耐水性越好；密度越低，空隙率大，纤维板吸音、吸湿、吸水能力越强。

③与水相关的性质：纤维板的密度是决定其耐水性的关键因素，密度大的板材，耐水性好。强化复合地板以高密度纤维板为基材，就是减少地板的吸水吸湿性，提高地板的耐久性。

④与热相关的性质：中密度纤维板含水率低，空隙率较大，所以具有良好的保温隔热性，具有木材的冷暖感。

⑤中密度纤维板的力学性质：中密度纤维板纤维组织均匀，纤维间的胶合强度高，故其静曲强度、平面抗拉强度、弹性模数、握螺钉力等比刨花板好，吸湿、吸水性能、厚度膨胀率较低。

⑥中密度纤维板的加工性：中密度纤维板可以生产从几毫米到几十毫米厚板材，可以代替任意厚度的木板、方材，且具有良好的机械加工性能，锯切、钻孔、开槽、开榫、砂光加工和雕刻，板的边缘可按任何形状加工，加工后表面光滑。强调的是中密度纤维板结构均匀、组织细腻，是浮雕加工的理想材料。如图2-10所示。

图2-10　中密度纤维板浮雕效果图

⑦中密度纤维板的饰面性：中密度纤维板表面平整、光滑，饰面性能极好。印刷木纹纸、浸渍纸、PVC、薄木、金属铝箔、耐火板都可用于其表面的装饰。如图2-11所示为常用的中密度纤维板饰面板材。

SQ浸渍纸饰面中密度板　　　　　耐火板饰面中密度板　　　　　薄木饰面中密度板

图2-11　常见中密度纤维板饰面板材

⑧ 中密度纤维板的环保性：中密度纤维板在制造过程中使用有机胶粘剂较少，环保性优。游离甲醛释放量小于 9mg/100g（E1 级标准）的板材，可用于室内家具及装修工程。

（2）中密度纤维板的应用

① 家具行业：中密度纤维板是家具生产的主要材料之一，具体应用如下：

中密度纤维板为基材，做成家具后，表面贴印刷木纹纸饰面，然后油漆涂饰，这类家具被称为"贴纸的家具"。

中密度纤维板为基材，表面贴天然珍贵木材的薄木，做成家具后再油漆涂饰，这类家具被称为"贴皮（木皮）的家具"。

中密度纤维板为基材，表面三聚氰胺浸渍纸饰面，经裁板、封边、排钻制成的板式家具。广泛用于办公家具、民用家具、实验室家具、厨房家具。

中密度纤维板为基材，表面经雕花加工，然后 PVC 真空膜压饰面，实现板块的五面包覆，不需封边处理，广泛用于柜门（厨柜门、衣柜门、装饰柜门等）的制作。

中密度纤维板为基材，表面材色铝箔饰面，是制作厨柜门板、电视背景板的理想材料。

中密度纤维板板面平整光滑，不透明油漆涂饰效果好，所以中密度纤维板为基材＋不透明油漆涂饰也是制作纯实色家具的理想材料。也是烤漆厨柜门板的首选基材。

② 装饰装修行业：装饰行业主要采用 3mm 高密度纤维板做饰面材料，因其表面平整光滑，表面喷涂实色油漆效果好，是"奶油咖啡装饰风格""白色派装饰风格""简约派装饰风格"的首选饰面材料。

（四）细木工板

1. 概述

细木工板俗称大芯板，以单板为面材，实木拼板为芯材，胶压构成的实心人造板材。中间的实木芯板是由天然实木加工成一定规格等厚度的木条，再由拼板机拼接成芯板，木条之间采用平拼，工艺简单快捷。拼接后的芯板两面各覆盖一层或两层优质木单板，再经压制、砂光而制成的木质板材。如图 2-12 所示。

图 2-12　细木工板构成

细木工板的制造包括三个工艺环节：单板制造、芯板制造和胶合加工。具体如下：

（1）芯板制备工艺流程

小径级原木→制材→干燥→（横截）→双面刨光→纵解→横截→选料→（芯条涂胶→横向胶拼→陈放→芯板双面刨光或砂光）

（2）组坯胶压工艺流程

芯板⎫

内层单板→整理→双面涂胶⎬组坯→预压→热压→细木工板

表层单板→整理⎭

（3）细木工板修整加工工艺流程

细木工板→陈放→裁边→表面砂光→检验分等→修补→成品

2．细木工板分类

（1）按结构分

芯条胶拼细木工板（机拼板和手拼板）、芯条不胶拼细木工板（未拼板或排芯板）。

（2）按表面状况分

单面砂光细木工板、双面砂光细木工板、不砂光细木工板。

（3）按耐水性分

Ⅰ类胶细木工板：具有耐久、耐气候、耐沸水和抗菌性能，常用酚醛树脂胶或三聚氰胺树脂胶或者性能相当的胶生产，主要用于室外场所。

Ⅱ类胶细木工板：具有耐水、短时间耐热水和抗菌性能，但不耐煮沸，常用脲醛树脂胶或性能相当的胶生产，主要用于室内场所及家具。

（4）按等级分

细木工板按其面板的外观、材质和加工质量分为一等、二等、三等。

3．细木工板的规格与质量

（1）细木工板的规格

根据国标《细木工板》（GB/T5849—2006）的规定，细木工板的幅面尺寸如表2-7所示。常用幅面尺寸为1220×2440（单位：mm）。

表2-7 细木工板幅面尺寸表

宽度（mm）	长度（mm）				
915	915	—	1830	2135	—
1220	—	1220	1830	2135	2440

厚度：常用厚度规格为12、14、16、18、20、22、25（单位：mm）等。

根据国家标准《细木工板》（GB/T5849—2006）中的相关规定，细木工板的质量主要从尺寸公差、外观质量、物理力学性能三个方面判断。

①尺寸公差：厚度尺寸公差分两种情况，如表面不砂光，公差值在±0.8～±1.0mm，表面砂光，公差值在±0.6～±0.8mm，长、宽度允许公差为+5mm，不允许有负公差，翘曲度允许在0.2～0.3mm，

波纹度允许在 0.3~0.5mm 范围。

② 外观质量：符合国家标准《细木工板》（GB/T5849—2006）中的相关规定。

按照国际规定分一等、二等、三等三个等级。为保证板在使用过程中的尺寸稳定和受力均匀性，芯板两面对称层的单板应具有同等厚度，同一或近似的树种，与芯板胶贴的两层中板应具有相同的纹理方向，并与芯板的纹理方向垂直。

表板、背板中的加工缺陷如针节、活节、死节、夹皮、补片、拼缝、裂缝、压滚、毛刺、沟痕、透胶污染、面板叠芯与离芯等，应在国标允许的范围内。任何等级的细木工板均不允许有开胶、鼓泡，板中不得保留有影响的夹杂物，板面不得留有胶纸带和砂痕。

③ 物理力学性能：包括含水率、横向静曲强度、胶层剪切强度等，其质量只分为合格和不合格两个等级。如表 2-8、表 2-9 所示。

表 2-8　细木工板含水率、横向静曲强度、浸渍剥离性能指标

检验项目		单位	指标值
含水率		%	6.0~14.0
横向静曲强度	平均值	MPa	≥15.0
	最小值	MPa	≥12.0
浸渍剥离性能		mm	试件每个胶层上的每一边剥离长度均不超过 25mm
表面结合强度		MPa	≥0.60

表 2-9　细木工板胶合强度（MPa）

树　种	指标值
椴木、杨木、拟赤杨、泡桐、柳桉、杉木、奥克榄、白梧桐、异翅香、海棠木	≥0.70
水曲柳、荷木、枫香、槭木、榆木、柞木、阿必东、克隆、山樟	≥0.80
桦木	≥1.00
马尾松、云南松、落叶松、云杉、辐射松	≥0.80

（2）环保指标

按照欧洲环保等级标准，细木工板分为 E0、E1、E2 三个等级。

E0 级：甲醛释放量≤0.5mg/L，可直接用于室内家具装修工程。

E1 级：甲醛释放量≤1.5mg/L，可直接用于室内家具装修工程。

E2 级：甲醛释放量≤5.0mg/L，须经饰面处理后达到 E1 标准方可用于室内家具装修工程。

4. 细木工板的性能特点与应用

（1）细木工板的性能特点

① 密度：细木工板的密度主要取决于芯板的树种，由于细木工板的芯板大多使用速生材，如杉木、杨木等，所以细木工板较同等厚度的刨花板、中密度纤维板要轻很多。

② 孔隙、空隙：细木工板的芯板为实木拼板，保留了天然木材的孔隙特征，具有冬暖夏凉的冷暖特性，芯条间存在少量空隙，所以细木工板是孔隙、空隙并存的多孔材料。表现出保温、隔热、吸声、吸湿等性质。

③ 与水相关的性质：细木工板保留了木材的属性，有一定的吸水、吸湿性。对于不耐水的细木工板，吸水吸湿后可能导致单板分层失去胶合作用，影响细木工板的使用。

④ 与热相关的性质：细木工板的含水率在 6.0%～14.0%，加上细木工板内部的空隙、孔隙，所以细木工板导热性低，具有良好的保温隔热效果。

⑤ 细木工板的力学性质：细木工板具有胶合板的面、实木的芯，表现出特有的力学性质。

单板纵横交错组坯——细木工板不开裂、表面平整度好。

对称结构的组坯——细木工板不易变形，稳定性好。

小料拼接的芯板——木料变形小，克服了长木料容易变形的缺点，芯板具有材性稳定的优点。

实木的芯板——具有木材的弹性、韧性；具有较好的静曲强度；具有较大的握钉力，胶钉结合性能良好。

⑥ 细木工板的加工性：细木工板的加工性基本上和木材一样，锯、刨、铣、砂加工性能优异。由于细木工板表层为单板，所以不适合表面深雕刻加工。

⑦ 细木工板的饰面性：细木工板板面平整光滑，饰面性类似于胶合板，主要是薄木饰面、三聚氰胺浸渍纸饰面，图 2-13 为常用的细木工板饰面产品。

水曲柳薄木饰面细木工板　　　　　　　　　三聚氰胺浸渍纸饰面细木工板

图 2-13　细木工板基材的饰面板

⑧ 细木工板的环保性：细木工板以脲醛树脂胶为胶粘剂，所以游离甲醛的存在不可避免。达到环保 E0、E1 的细木工板，可直接用于室内家具和装修工程。

（2）细木工板的应用

① 家具行业应用：细木工板融合了胶合板和木材的优点，是理想的家具用材。

表面采用薄木、薄木饰面胶合板贴面（双面贴面），是制造实心家具部件的理想材料。

表面三聚氰胺浸渍纸饰面生产的生态板，装饰性好，理化性能优异，免油漆涂饰，可以作为板式家具材料，在定制家具企业应用较多。

细木工板胶钉结合性能优异，是制造固定结构家具的理想材料。

② 建筑、装饰行业应用：细木工板优异的胶钉结合性能，最能满足装修现场施工的工艺要求，装饰隔墙、吊顶、门套包覆、软包墙面等室内装修工程均会使用细木工板。装修现场制作家具，细木工板是首选材料。

建筑业也利用耐水细木工板板面平整、胶钉接合性好、幅面宽大的优点，作为建筑模板使用。

（五）指接板（集成材）

1. 概述

指接板是指由同一树种、同一厚度的纹理平行的实木板材或板条，端头通过指形榫胶拼、侧面采用平拼，胶合形成一定规格尺寸和形状的木结构板材，又称为胶合木或集成材。如图 2-14 所示为指接材的拼板结构。

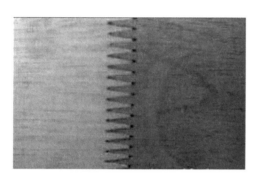

指形榫　　　　　　　　　　　　　　　　指接板

图 2-14　指形榫与指接板

指接板的生产工艺分为三个环节：

（1）板料加工与接长

原木→制材→板材干燥→板材双面刨光→板材纵解→板条横截去除缺陷→人工分选→板条双端开指形榫→指榫涂胶→长度接长

（2）接长板料宽度胶拼

指接方料堆放养护→被胶合面刨光→侧向涂胶→宽度热压胶拼→指接板

（3）指接板修整处理

指接板材堆放养护→指接板材裁边→板材砂光→检验分等→指接板成品

原木条端头采用指形榫胶结合工艺，解决了木材端向结合强度较低的矛盾，使得板材具有良好的结合力。

2. 指接板分类

（1）按照树种材质分类

指接板一般按照按树种材质进行分类，如杉木指接板、杨木指接板、橡胶木指接板、橡木指接板、樱桃木指接板等。如图 2-15 所示为常用木材指接板。

香杉木指接板　　　　　　　　樟子松指接板　　　　　　　　新西兰松指接板

西南桦指接板　　　　　　　　　楸木指接板　　　　　　　　　橡胶木指接板

美国红橡指接板　　　　　　　　樱桃木指接板　　　　　　　　　榆木指接板

图 2-15　常用实木指接板

（2）按照表面有无节分类

指接板表面的质量直接影响板材的等级和使用。据此，根据板面有节、无节将指接板分为：

双面无节指接板：质量最好的指接板材，一般用于两面都是看面的家具部件。

单面无节指接板：一面无节、一面有节，无节面用于家具看面，有节面用于家具里面。

双面有节指接板：两面都有节，属于质量等级较低的板材，一般只作为家具内部用材。

（3）按结构分

单层结构指接板：同等厚度的木条侧向胶压平拼构成的板材。单层结构板由于采用平拼工艺，拼板时径向板和弦向板的混合使用，易导致板材宽度方向弯曲变形和端部收缩开裂。

三层结构指接板：两边纵向拼板、中间横向拼板组坯构成的三层复合的指接板材。由于采用纵横交错的组坯结构，所以三层结构的指接板如同胶合板一样，具有板面平整、不开裂、不变形的突出优点。如图 2-16 所示。

图 2-16　三层结构指接板

3. 指接板的规格与质量

（1）指接板规格

指接板常用幅面规格一般为 1220×2440（单位：mm），也有其他小规格的板材，如：900×450，1200×600，1800×600（单位：mm）等。企业可以根据需要专门定制。

常用指接板的厚度：16、18、20、22、25（单位：mm）等。

板材尺寸偏差符合行业标准《集成材　非结构用》（LY/T1787—2008），见表 2-10 所示：

表 2-10　非结构用集成材尺寸偏差（mm）

项　目	指标要求	
	表面加工材	表面未加工材
厚度	+1.0 −0.5	+3.0 0
宽度	+1.0 −0.5	+3.0 0
长度	不允许有负偏差	
注：产品尺寸偏差如有特殊要求由供需双方共同商定		

（2）指接板质量

① 一级品：双面无节疤、无树心、无瑕疵。

二级品：单面无节疤、无树心、无瑕疵。

三级品：双面有节疤、有树心、无瑕疵。

四级品：双面有节疤、有树心，单面可带皮不超过 1cm。

次品：腐烂、带皮、开裂、斜头、弯曲芯条。

② 腐烂、带皮、开裂、斜头、弯曲的芯条，缺陷一端不超过 10cm。

③ 齿口要求：齿口深度为 1.1～1.2cm；不断口、不裂口、不起毛；齿口平整光滑，松紧度适中。

④ 含水率：8%～13%。通常 10%。

4. 指接板的性能特点与应用

（1）指接板的性能特点

指接板为纯实木拼板，所以它具有木材的性能特点。

① 质轻高强、耐水、耐湿，保温绝热，具有冬暖夏凉温度感。

② 具有天然木材的弹性、韧性，握钉力好，静曲强度大。

③ 加工性能优异：可锯切、钻孔、刨削、铣削、表面雕刻、砂光等。

④ 油漆涂饰性好。

⑤ 拼板使用的胶量小，甲醛释放量低，板材环保等级高。

除此之外，指接板还具有自身的特点：

① 实木指拼板采用小块实木条指接拼接而成，消除了大块实木板块固有的内应力，克服了实木易变形的缺点。

② 板材幅面尺寸大，没有缝隙、裂痕，整体均匀性好，可以满足大规格实木部件的需求。

③ 单层结构指接板易产生宽度方向的弯曲变形和端部的开裂变形。

④ 三层结构的指接板板面平整、不开裂、不变形，缺点是侧边美观程度较差，须作边部处理。

（2）指接板的应用

① 家具行业：在家具行业，指接板不需饰面处理，可以直接作为实木使用，由于其幅面大，板面平整，是生产实木高档家具的理想用材。特别适合宽度较大的实木部件制作。如实木家具柜体、实木家具门板、实木家具台面等。

② 装饰行业：指接板胶钉结合性能优异，环保性好，是装修现场制作实木家具、实木构件、实木门的首选材料。

五、任务实施

（一）工作准备

材料：常用人造板材料样板15种，样板尺寸：600×600（mm）。

制订工作计划：工作计划内容包括项目完成的时间、地点以及完成的数量和质量、主要操作步骤和技术要点。

（二）任务实施：人造板材的观察与记录

观察所提供的常用15种木材样板，将其外观特性记录在表2-11中。

表2-11 木材宏观特性观察记录表

年 月 日

样板编号	名 称	构成	结构	外表特征	主要性能描述
	3mm普通胶合板				
	3mm水曲柳面板				
	18mm刨花板				
	18mm浸渍纸饰面刨花板				
	25mm定向刨花板				
	8mm高密度纤维板				
	18mm中密度纤维板				
	18mm枫木饰面中密度纤维板				
	18mm细木工板				
	18mm橡木指接板				
	18mm杉木指接板				
	18mm多层胶合板				
	18mm生态板				
	18mm水曲柳饰面细木工板				

记载人：

填表说明：

样板编号：根据所提供的板材名称，展出对应的样板编号。

构成：是指板块的基本结构单元，即单板、刨花、定向刨花、木片、纤维等。

结构：单层结构、三层结构、五层结构、多层结构等。

外表特征：板材表面的颜色、花纹、平整度等。

主要性能描述：是指材料与水、与热、与力相关的主要性质及环保性、耐久性等。

（三）成果提交

（1）15种人造板材的识别、构成、结构与性能特点分析（表2-11）。

（2）分析描述所提供的15种人造板材的应用（表2-12）。

（3）成果认定：提交成果按百分制评定成绩，分为准确性、完整性、综合素质三个方面评价。

正确性：占总分的50%，考核学生完成任务的正确程度。

完整性：占总分的40%，考核学生完成任务的圆满程度，是否完成所有任务。

综合素质：占总分的10%，考核学生文明施工、爱护环境等综合素质。

表2-12 常用木材的特性与应用

年　　月　　日

样板编号	名　　称	主要特点与应用
	3mm普通胶合板	
	3mm水曲柳面板	
	18mm刨花板	
	18mm浸渍纸饰面刨花板	
	25mm定向刨花板	
	8mm高密度纤维板	
	18mm中密度纤维板	
	18mm枫木饰面中密度纤维板	
	18mm细木工板	
	18mm橡木指接板	
	18mm杉木指接板	
	18mm多层胶合板	
	18mm生态板	
	18mm水曲柳饰面细木工板	

记载人：

六、知识拓展

（一）生态板

生态板，分狭义和广义两种概念。

广义上生态板等同于三聚氰胺贴面板，其全称是三聚氰胺浸渍胶膜纸饰面人造板，是将带有不同颜色或纹理的纸浸入生态板树脂胶粘剂中，然后干燥到一定固化程度，将其铺装在刨花板、防潮板、中密度纤维板、胶合板、细木工板或其他硬质纤维板表面，经热压而成的装饰板材。

狭义上的生态板仅指中间所用基材为多层实木（胶合板）、细木工板（如马六甲、杉木、桐木、杨木等）的三聚氰胺饰面板。主要使用在家具、厨柜衣柜、卫浴柜等领域。

生态板以其表面美观、施工方便、生态环保、耐划耐磨等特点，越来越受到消费者的青睐和认可，以生态板生产的板式家具也越来越受欢迎，已广泛使用于家庭装饰、板式家具、橱柜衣柜、浴室柜等领域。

（二）定向刨花板

定向木片板即 OSB 板，是一种结构板材，由长宽尺寸较大的木片刨花定向铺装胶压制成的刨花板材。

定向刨花板板材使用 100% 原木加工，使用特殊设计的刀具把原木刨切成特定尺寸的木片，长度 40～120mm，宽 5～20mm，厚 0.3～0.7mm，以充分利用木材固有的强度，经高温干燥、筛选后，在电脑控制下，加入高性能胶和防水剂（定量的蜡和树脂），然后木片按工程设计按其经纬方向分层定向排列铺成板坯，板坯的结构保证了成板具有最高的强度、刚性和稳定性，最后再把这些板坯经过高温（超过 180℃）压制，形成均匀结构的人造板材。

OSB 板具有以下优点：

（1）抗弯强度高，结实、稳定，可用于轻钢结构建筑承重墙。

（2）尺寸稳定，能保持平直。

（3）线膨胀系数小，不易形变，无翘曲、扭曲或凹陷等质量缺陷。

（4）均质——每块板材都具有相同性能。

（5）无空穴、木节孔和脱层现象，握钉力强，抗冲击力强，耐撞击。

（6）有良好的隔热和隔音性能。

（7）防潮性能强。

OSB 板的常用规格（mm）：幅面——1220×2440；厚度——9.5、11.9、15.1、18.3。

OSB 板广泛用于建筑、包装与家具行业。如图 2-17 所示。

图 2-17　定向刨花板

七、巩固练习

1. 名词解释

（1）人造板

（2）定向刨花板

（3）高密度纤维板

（4）生态板

（5）指接板

2．简答题

（1）人造板为何是对称结构？

（2）做白色不透明油漆涂饰宜选用中密度纤维板基材，为什么？

（3）细木工板为何是现场装修首选人造板材板？

3．分析论述题

（1）生态板的基材的类别？装修家具工程使用生态板有什么优缺点？

（2）比较普通颗粒三层结构刨花板和定向刨花板的性能特点及应用？

项目二　人造板的选择和应用

任务二　双包镶家具板块的选材和制造

一、任务描述

双包镶板是板式家具生产的常用部件，它是由芯层材料和双面人造板材胶压复合制成的空心结构板材。通过该任务的实施，使学生掌握人造板的选材和应用应考虑的各种因素，巩固前面学习的人造板的性能特点，培养学生正确使用人造板的专业技能。

二、学习目标

知识目标：

（1）掌握双包镶板的构成与特点。

（2）具有选择使用人造板的专业知识。

能力目标：

（1）能够正确选择和使用人造板材。

（2）能够正确分析检验双包镶板的生产质量。

三、任务分析

课时安排：4学时。

知识准备：双包镶板块的构成与性能特点。

任务重点：人造板的选择和使用，双包镶板的质量检验。

任务难点：人造板的选择和使用。

任务目标：能根据需要正确选择和使用人造板材，能正确分析检验双包镶板的产品质量。

任务考核：分两部分考核，正确选择和使用人造板材50分，双包镶板的质量检验50分，总分60分以上考核合格。

四、知识要点

（一）双包镶板的构成

双包镶板俗称空心板，它是由芯材和面材胶压复合构成空心板块部件。

芯材：由芯框和填料组成，如图 2 - 18 所示。空心的芯框由直档、毛头、暗档组合构成，芯框的材料可以是木材，也可以是人造板材。芯框的链接一般采用气钉连接或榫连接。填料是指填在芯框空处的材料，可以是碎木料、人造板或蜂窝纸。

面材：人造板材。常用的板材有胶合板、中密度纤维板等。

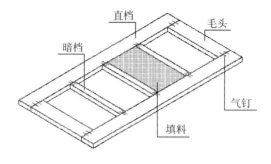

图 2 - 18　芯框组成

结构：分为单包镶和双包镶。单包镶一般采用木材做芯框，框料采用榫接合结构，单面胶压人造板构成。双包镶是指芯材双面覆面胶压构成的板块。

（二）双包镶板的特点

双包镶板由轻质的芯材和较薄的人造板面材构成，它具有以下特点：

（1）质轻厚度大：由于芯材为空心结构，质量较实心板块轻。所以双包镶板一般用于加厚部件的制造，用以减轻部件重量。

（2）不易变形：双包镶板采用对称配置，两面的人造板厚度相等，应力相近，板块不易变形，所以双包镶板往往用于长度大的门板制造，确保门板不弯曲变形。

（3）板面平整美观：两面的人造板既起结构加固作用，也起表面装饰作用，芯表材料胶压固定，使板材具有足够的强度和刚度，且板面平整美观，装饰效果好。

（4）尺寸稳定：芯材和面材纵横胶合连接，使用的人造板尺寸稳定不易变形，所以构建的双包镶板也具有尺寸稳定的特点。

（5）节约材料：由于加厚板块中间采用空心结构，芯层填料可以采用牛皮纸制成的方格形、网格形、波纹形、瓦楞形、蜂窝形、圆盘形等轻质廉价材料或纤维板条、胶合板条等边角余料，省材省料，降低成本，经济实惠。

（6）利用薄型人造板材的弯曲性好的优点，采用双包镶结构，也是制作弧形板块部件的主要方法。

（三）双包镶板的生产工艺

双包镶板的制造包括木框制备、填料制造和覆面胶压三部分，具体如下：

锯材→干燥→双面刨平（等厚）→（也可以直接用 PB、MDF、单板层积材 LVL 等厚人造板材）→

纵解→横截→组框→涂胶 ⎫

　　　　　空心填料 ⎰ 组坯→冷压或热压→陈放→裁边→砂光→成品

　　人造板材→锯解 ⎰

覆面人造板材的选择：

1. 种类选择

适合双包镶覆面的人造板主要以薄型板材为主，常用的人造板有：胶合板、中密度纤维板、刨花板、多层板等。如图 2-19 所示。

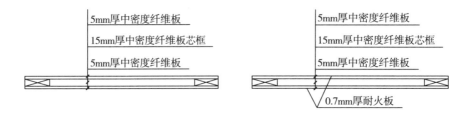

图 2-19 双包镶板块断面结构图

胶合板：普通胶合板、薄木饰面胶合板，厚度 3、5、9、12mm 等。

中密度纤维板：普通中密度纤维板、薄木饰面中密度纤维、浸渍纸单饰面纤维板等。

刨花板：普通刨花板、薄木饰面刨花板等。

多层板：普通多层板、薄木饰面多层板等。

表面采用耐火板饰面时，应使用胶合板、中密度纤维板等板材作为铺底材料。

一般来说，板块表面采用耐火板、印刷木纹纸饰面时，覆面人造板宜选用中密度纤维板；板块表面采用薄木饰面时，宜选择薄木饰面胶合板或薄木饰面的中密度纤维板；板块表面采用不透明涂饰装饰时，宜选中密度纤维板覆面。

2. 厚度选择

覆面人造板的厚度选择主要考虑成型板块厚度、人造板的厚度规格、芯框的材料与厚度三方面因素决定。综合考虑后，覆面板厚度一般小于双包镶板厚的 1/3，板面承压时覆面板厚度应不小于 10mm。如果采用人造板条制作，芯框厚度则受到人造板厚度制约，如采用木材芯框，则选择合适的锯材厚度即可。如板块成型厚度 50mm，表面采用 0.7mm 厚的耐火板饰面，芯框采用人造板条。覆面人造板厚度选择如下：

（1）50≈0.7+5+18+18+5+0.7 覆面人造板厚度 5mm 中密度纤维板，0.7mm 厚耐火板饰面，背面 0.7mm 厚平衡板（耐火板）饰面，芯框采用双层 18mm 厚的中密度纤维板条制作。不足之处是面板有点薄，抗压性能较差。

（2）50≈0.7+9+15+15+9+0.7 覆面人造板厚度 9mm 中密度纤维板，0.7mm 厚耐火板饰面，背面 0.7mm 厚平衡板（耐火板）饰面，芯框采用双层 15mm 厚的中密度纤维板条制作，面板厚度适中，抗压性能较好。

（3）50≈0.7+12+25+12+0.7 覆面人造板厚度 12mm 中密度纤维板，0.7mm 厚耐火板饰面，背面 0.7mm 厚平衡板（耐火板）饰面，芯框采用层 25mm 厚的中密度纤维板条制作。面板厚度适中，抗压性能好。

3. 质量选择

覆面所使用的人造板材的质量要求主要考虑厚度与材质、板块表面装饰材料、板块封边材料以及板块使用要求等。

制作双包镶结构板块时，人造板胶压覆面后应确保应力均衡，防止板块变形。所以正反两面所使用的人造板厚度应一致，材质相同。

覆面人造板的表面质量主要考虑板块表面的饰面材料。板块采用不透明油漆涂饰、耐火板饰面、印刷木纹纸饰面时，要求覆面的人造板表面平整光滑，所以宜选择中密度纤维板。

板块的封边处理形式多种多样，覆面人造板选择应考虑板材与封边材料的接合方式、结合强度及收缩变形等因素。

覆面人造板的性能特点直接影响板块的使用性能，如板块要求耐水性好，则宜选择耐水性的好人造板材，如多层板、胶合板等。

4. 尺寸要求

双包镶结构板块覆面时，板块净料尺寸、板块毛料尺寸、芯框毛料尺寸、人造板毛料尺寸应满足如下关系：

板块毛料尺寸＝板块净料尺寸＋10～20mm 加工余量（长度、宽度）

板块毛料尺寸＝芯框毛料尺寸

人造板毛料尺寸＝芯框毛料尺寸＋10～20mm 加工余量（长度、宽度）

如双包镶板块成型净料尺寸是800×400，则芯框尺寸：810×410～820×420 均可，覆面人造板尺寸820×420～830×430，单位 mm。

（四）双包镶板的质量检验

1. 胶压前的检验

胶压前应对部件进行检查，确保胶压后的板块符合设计要求，检查的主要内容包括：

芯框检查：检查芯框的尺寸规格、芯框料的平整度、芯框暗档的间距等。芯框的规格应考虑加工余量，比板块净料长宽大 10～20mm。芯框厚度符合设计规定，框料的厚度应力求一致，枪钉打入框料内，无浮钉、漏钉等缺陷，芯框牢固、平整。芯框暗档大小合适，填充暗档一般宽度25mm 左右，结构暗档应在 40～50mm 左右，暗档间隔应控制在 200mm 左右，结构暗档位置准确，中位应在孔眼中心线上。

面板检查：胶压的面板符合设计用材要求的前提下，应着重检查面板大小规格及厚度。面单的长宽应不小于芯框的长度和宽度。双包镶面板的厚度符合设计要求，且确保两面的厚度相等。

胶料检查：在确保胶的胶合质量的前提下，只需检查胶的黏度，太稠的胶会导致涂胶不均、胶层过厚，从而影响胶合强度。胶料黏度太小，涂胶后出现渗胶，导致胶压开裂。

2. 表面质量检验

检查胶压后的双包镶板的表面质量，主要检查平整度、表面胶渍等。表面平整度主要检查是否出现"排骨档"，由于暗档间距太大、芯框透气不够、压力太大等因素，可能导致胶压后没有暗档的地方出现板面凹陷，致使芯框暗档在板面显现出来，即出现"排骨档"。表面胶渍会影响油漆涂饰，所以胶压时应确保表面的干净，防止出现胶料滴、渗等现象。

3. 胶合质量检验

胶合质量主要检查是否开胶，导致开胶的原因在排除胶的质量的前提下，与操作相关的主要有胶的黏度、压力的大小、压力的均匀度、涂胶的均匀性等因素。胶的黏度太小，涂胶后出现渗胶，导致胶合开胶。压力太大，表面的胶液被挤出或渗透，也可能出现因欠胶而开胶，压力太小，面和框接触不紧密，胶层干缩后导致开胶。由于胶压的双包镶板块大小规格不一致，会出现部分板块上下受力情况不等，从而导致开胶和变形。解决这一问题的办法就是规格不一致的板块一起胶压时，应用厚的垫板隔开，确保板块上下受力相等。胶压时双面涂胶应均匀，不出现漏涂缺胶、胶层太厚或太薄等涂胶缺陷，也是保证胶合质量的关键。

五、任务实施

(一) 工作准备

材料：9、15mm 厚的中密度纤维板、0.7mm 厚的耐火板、白色平衡板。

白乳胶、气枪钉、涂胶辊。

工具：冷压机、开料锯。

制订工作计划：工作计划内容包括项目完成的时间、地点以及完成的数量和质量、主要操作步骤和技术要点。

(二) 任务实施：双包镶板生产

拟生产的双包镶板块尺寸：800×400×50——净料尺寸一块，结构组坯为：50≈0.7＋9＋15＋15＋9＋0.7，覆面人造板厚度 9mm 中密度纤维板，0.7mm 厚耐火板饰面，背面 0.7mm 厚平衡板（耐火板）饰面，芯框采用双层 15mm 厚的中密度纤维板条制作。

1. 确定开料尺寸

芯框料、人造板、耐火板开料尺寸如表 2-13 所示：

表 2-13 开料尺寸表

序号	零件名称	零件规格×数量（单位 mm）	材 料	备 注
1	直档		中密度纤维板	
2	毛头		中密度纤维板	两条 15 的板叠加成厚度 30
3	暗档		中密度纤维板	
4	覆面板		中密度纤维板	正反两面
5	饰面板		耐火板面板	双包镶板正面
6	平衡板		耐火板背板	双包镶板反面

2. 芯框制备

用气枪钉将框料连接起来，不考虑填充蜂窝纸。

3. 涂胶组坯

芯框双面涂胶后覆盖中密度纤维板，打钉固定于芯框上，中密度板正面涂胶，覆盖耐火板、平衡板。

4. 冷压

将组坯好的材料放入冷压机，加压时应确保表面耐火板、背面平衡板不滑移。压力大小适宜。单位压力为 0.25～0.3MPa。

5. 裁边

将毛料双包镶板块加工成净料尺寸。

(三) 成果提交

1. 开料尺寸表

800×400×50 双包镶板块开料尺寸表，见表 2-13 所示。

2. 实习报告

覆面人造板的选材和使用。

3. 成果认定

提交成果按百分制评定成绩，分为准确性、完整性、综合素质三个方面评价。

正确性：占总分的 50％，考核学生完成任务的正确程度。

完整性：占总分的 40％，考核学生完成任务的圆满程度，是否完成所有任务。

综合素质：占总分的 10％，考核学生文明施工、爱护环境等综合素质。

六、知识拓展

单板层积材（LVL）：是用旋切的厚单板，经施胶、顺纹组坯、施压胶合而得到的一种结构材料。

单板层积材与其他人造板相比，在保留天然木材的特性的同时，还具有以下特性点：

（1）单板层积材可以利用小径材、弯曲材、短原木生产，出材率高达 60％～70％，提高了木材的利用率。

（2）产品规格不受限制：单板层积材的尺寸不受单板规格的制约，通过胶合、拼接，可以生产出大规格的木制品构件。

（3）层级材稳定性好：单板层积材特有的层积结构有效减少了板材出现弯曲、扭曲变形的可能性。

（4）单板层积材采用单板拼接和层积胶合，可以去掉木材的缺陷，交错组坯使得强度均匀、尺寸稳定，材性优越。

（5）单板层积材方便进行防腐、防火、防虫处理。

（6）单板层积材可以实现连续化生产。

单板层积材（LVL）作为一种新型材料推向市场的时间不长，产量仍很小，用途正在开发阶段。单板层积材（LVL）的特性主要是外观美丽，给人视觉以清新感，强度均匀，稳定，耐久性好，不需干燥，尺寸自由度大等。其用途可分为三个部分：

（1）木造建筑物中的结构材。

（2）家具、门窗、室外装饰材料。

（3）工业原料。

七、巩固练习

1. 名词解释

（1）双包镶板块

（2）单包镶板块

（3）LVL

2. 简答题

（1）双包镶板的构成？

（2）双包镶板块的特点？

（3）双包镶覆面人造板的选择应考虑的因素？

3. 分析题

拟制作 2000×500×20 的双包镶门板，表面水曲柳木纹饰面，透明油漆涂饰，自拟芯框材料，选择覆面人造板材，编写相关工艺文件。

模块三　家具表面装饰材料与封边材料

项目一　家具表面饰面材料

任务一　刨花板表面饰面材料的选择和应用

一、任务描述

人造板作为家具材料使用，一般都需要经过表面装饰处理来提高其美观性，提高产品的价值。家具表面饰面材料较多，大致分为纸类、薄木类、塑料类、金属类、涂饰类。本任务以刨花板为例，分析如何选择合适的表面装饰材料。使学生掌握家具表面饰面材料的种类及性能特点，培养学生正确选用家具饰面材料的专业技能。

二、学习目标

知识目标：
（1）掌握家具饰面材料的种类及性能特点。
（2）具有分析和选用家具饰面材料的专业知识。

能力目标：
（1）能够正确选择合适的家具表面装饰材料。
（2）能够正确分析各种家具饰面材料的性能特点和使用工艺要求。

三、任务分析

课时安排：4学时。
知识准备：家具表面装饰材料的种类、性能特点与应用。
任务重点：家具表面装饰材料的选择和使用。
任务难点：家具表面装饰材料的选择和使用。

任务目标：能准确根据家具部件的表面材料特性，选择和使用合适的饰面材料。

任务考核：分家具表面装饰材料的种类与性能特点分析（认识和认知材料）、家具表面装饰材料的选择和使用（使用材料）两部分考核，其中认识 40 分，选择和应用 60 分，总分 60 分以上考核合格。

四、知识要点

（一）家具表面装饰

人造板是生产木质家具的主要材料。人造板作为家具材料使用，其表面一般都需要装饰处理，赋予人造板优异的外观装饰特性，即颜色、纹理、花纹、光泽、形状、质感、肌理以及透明性等。人造板表面装饰处理俗称人造板二次加工，加工处理后的产品，称为人造板二次加工产品或饰面人造板。

人造板二次加工的方法归纳起来主要有 3 种：

（1）贴面法：贴面材料主要有装饰单板（薄木）、高压三聚氰胺树脂装饰层积板（防火板）、低压三聚氰胺浸渍胶膜纸、预油漆纸、薄页纸、PVC 薄膜、软木、金属箔、纺织品等。

（2）涂饰法：有涂饰、直接印刷、转移印刷等。

（3）机械加工法：有模压、镂铣、激光雕刻、手工雕刻、打洞、开槽、刮刷等。

人造板表面装饰是指用涂饰、覆贴以及机械方法加工处理人造板表面，使之增加美观和提高使用效能的工艺过程。

人造板表面装饰加工的作用是：①保护板材表面；②装饰美化表面；③改善板材表面的物理机械性质；④提高板材等级。

人造板表面装饰对基材素板的要求：

（1）含水率均匀：一般为 6%～8%。

（2）表面平滑、质地均匀，饰面前需经 120 号—240 号砂带砂光。

（3）厚度均匀，厚度偏差不大于 ±0.2mm。

（4）结构对称、合理，板面平整无翘曲、变形。

（5）具有一定的强度和耐水性。

（6）刨花板、中密度纤维板等素板，要求其表面密度大于 $0.9g/cm^3$。

表面贴面装饰是人造板二次加工的主要方法，了解表面饰面材料的性能特点，是选择和使用饰面人造板材的基础。

（二）纸类表面装饰材料

1. 概述

纸质类表面装饰材料是家具生产的主要材料。由于纸质材料印刷性能、浸渍性能、表面涂饰性能以及和木质板材的胶合性能优异，使得纸质类表面装饰材料花色品种多、质地真实性强、装饰性能优越，表面浸渍或涂饰后使用性能优异，加上纸张幅面宽、质地均匀、韧性好，广泛应用在家具行业。

2. 纸类饰面材料的种类、性能特点及应用

（1）印刷装饰纸（木纹纸、单色纸）

印刷装饰纸（木纹纸、单色纸）是采用优质木浆纸印刷加工而成的一种表面装饰材料。由于其表面没有预先浸渍胶粘剂，纸张韧性好，胶合性能、涂饰性能优异，能够用于造型较为复杂的曲线形部件的装饰。但是部件表面装饰后还需油漆涂饰予以保护。中密度纤维板、高密度纤维板是理想的部件基础材料。

该方法工艺简单，能够实现自动化连续化生产，表面不产生裂纹，柔韧性好，具有木纹装饰效果和木材的温暖感，表面再经过涂饰后具有较好的理化性能：耐磨、耐热、耐化学药剂性。适合于中低档家具的表面饰面处理。如图 3－1 所示。

图 3－1　木纹印刷纸

印刷木纹纸的分类主要有：

① 按照厚度分：按照纸张的厚薄定量，分为三类。

薄页纸：定量为 $23\sim30g/m^2$，纸张较薄，适合于光滑的家具表面饰面，尤适合于中密度纤维板、胶合板表面的饰面处理。该纸贴合性能好，不足之处是遮盖力较差，易破损、皱褶。

中厚纸：定量为 $60\sim80g/m^2$ 钛白纸，适合于家具表面光滑平整度较低的板材表面，如刨花板。厚度适宜，遮盖力好。不足之处是易分层，柔性不足，服帖性较差。

厚纸：定量为 $150\sim200g/m^2$ 钛白纸，厚度大。材质较硬，对基材的平整光滑度要求较低，主要用于封边材料。

② 按照表面有无涂饰层分：分为未油漆装饰纸和预油漆装饰纸。预油漆装饰纸重量为 $60\sim160g/m^2$，分为一般光泽、柔光和高光三种，

③ 按照有无背胶分：无背胶装饰纸和背胶装饰纸。无背胶的纸适合于湿法、干法贴面，背面带有热熔胶胶层的装饰纸，适合于干法贴面。

④ 按照表面花纹分：分为木纹、石纹、布纹、皮纹、金属纹及抽象几何纹等。

印刷木纹纸为卷材，纸张的长度不受限制，宽度较人造板宽度略宽，一般是 1250mm 左右。

（2）浸渍装饰纸

浸渍装饰纸是以印刷装饰纸浸胶后干燥加工而成的一种免涂饰的纸质表面装饰材料。简化了印刷装饰纸覆纸装饰后还要油漆涂饰这一工艺。实现了即贴即用的快速饰面技术。

浸渍纸是将印刷木纹纸浸渍合成树脂胶后经干燥制成的饰面材料，浸渍纸干燥后合成树脂胶未完全固化，饰面时将其覆盖在人造板表面，树脂胶加热熔融，在温度和压力的作用下，纸张和板材表面粘贴在一起，表面形成保护膜。

根据浸胶的不同，浸渍纸分为：

① 三聚氰胺树脂浸渍纸：木纹纸浸渍三聚氰胺甲醛树脂胶制成，分为如下几种。

高压三聚氰胺树脂浸渍纸：早期的三聚氰胺浸渍纸，性能优异，光泽度好，贴面工艺时间长，一般采用冷—热—冷贴面工艺。

低压三聚氰胺树脂浸渍纸：采用聚酯等树脂对三聚氰胺树脂胶改性，增加其流动性制成的一种浸渍纸，使其在低压下也具有很好的流动性，不用冷却后泄压，覆面工艺简单，时间短。采用低压热—热胶压饰面工艺。

低压短周期三聚氰胺树脂浸渍纸：在低压三聚氰胺树脂中加入热反应催化剂，反应速度加快，热液时间缩短至1—2min，覆面时间短效率高，采用低压热—热胶压饰面工艺。

低压短周期三聚氰胺浸渍纸以其木纹层次丰富、纹理清晰逼真、表面质感（麻面、高光、亚光，立体，仿真）优良，与基材贴合牢固、耐磨、耐划痕、耐高温、耐腐蚀、抗污染、防潮、抗紫外线能力强等卓越的理化性能，广泛应用于国内外地板业、家具业、整体厨柜业等。

三聚氰胺浸渍纸饰面基材可用于刨花板、中密度纤维板、高密度纤维板等。其中高光饰面只能使用中密度、高密度纤维板。

三聚氰胺浸渍纸饰面板是板式家具的主要材料。因其花色品种多、装饰效果好、理化性能优异（耐磨、耐高温、耐一般的酸碱盐等）、免油漆涂饰等优点，广泛用作板式家具材料。

目前常用的三聚氰胺甲醛树脂胶浸渍纸饰面的人造板品种有以下三种：

三聚氰胺浸渍纸饰面刨花板：基材采用三层结构刨花板，表面采用三聚氰胺浸渍纸饰面制成的免涂饰人造板材。

三聚氰胺浸渍纸饰面中纤板：基材采用中密度纤维板，表面采用三聚氰胺浸渍纸饰面制成的免涂饰人造板材。

三聚氰胺浸渍纸饰面生态板：基材采用细木工板或者多层胶合板为基材，表面采用三聚氰胺浸渍纸饰面制成的免涂饰人造板材。

三聚氰胺浸渍纸花色种类繁多，常用三聚氰胺浸渍纸饰面板材如图3-2所示。

图 3-2　常用三聚氰胺浸渍纸饰面板材

② 酚醛树脂浸渍纸：该浸渍纸成本较低、强度高、颜色较深、性质脆。适合于表面装饰要求较低的板块背面饰面，如强化复合地板背面饰面。

③ 邻苯二甲酸二丙烯酯树脂浸渍纸：该浸渍纸柔性好，可成卷，使用方便。可以实现板块正面和侧边的连续胶贴，但成本较高。

④ 鸟粪胺树脂浸渍纸：该浸渍纸化学稳定性好，存放期长，可成卷、不开裂。

（3）耐火板/装饰板

耐火板俗称防火板，是以表层纸（保护层）、印刷装饰纸（装饰层），浸渍三聚氰胺甲醛树脂胶，以牛皮纸（增厚层）作为底层纸（多层），浸渍酚醛树脂胶（耐水性强的胶），组合后经高温高压压制而成的一种薄型的表面装饰板材。如图 3-3 所示。

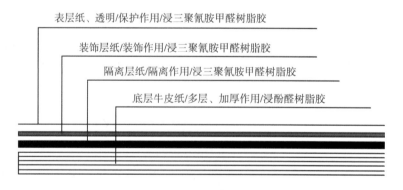

图 3-3　耐火板构造图

耐火板是纸质层压复合装饰板材，它具有如下特点：

① 优异的装饰性：由于纸的印刷性好，可以高仿真地模拟珍贵木材纹理、石材纹理、纺织布艺纹理、金属纹理、皮革纹理等，表面形状多种多样，有平面、麻面、柔光面、浮雕面之分，耐火板可以达到色、泽、纹、质一体化的装饰效果。如图 3-4 所示。

图 3-4　耐火板花色（威盛亚色板）

② 优异的使用性能：从其构成可以看出，透明的表层纸浸三聚氰胺甲醛树脂胶，同时加入三氧化二铝耐磨剂，使得耐火板有耐磨、耐高温、耐水、耐污、耐酸碱盐的优异理化性能，易清洁、易保养、不变色。广泛用于高档办公家具、实验室家具、厕所隔断、厨房家具、学校家具、商业展示家具及装饰装修工程。

③ 免油漆涂饰性：耐火板饰面不需作油漆涂饰，环保且施工快捷。

耐火板的主要品种有：

平板：用于平面胶压饰面、板块锯解后侧边需封边处理，适合于制作直边型家具部件。平板厚度规格多，0.5、0.7、0.8、1.0、1.2mm 等。厚板平整度好，饰面效果较好。

弯曲板：也称为后成型弯曲板，这种板正面胶压饰面后，在加热加压条件下，还能将板块的弧线形侧边进行包覆饰面，即后成型弯曲饰面，弯曲半径最小可达到 5mm。适合于办公桌台面、圆边门板的饰面材料。弯曲板厚度一般是 0.7mm。如图 3-5、图 3-6 所示。

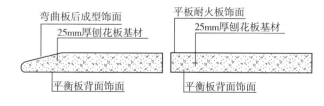

图 3-5　弯曲板与平板饰面比较

图 3 - 6　后成型耐火板厨柜台面

理化板：这是为满足实验室家具使用而专门研制的具有优异耐酸碱盐性能的耐火板。也有平板和弯曲板之分。

（三）薄木类表面装饰材料

1. 概述

薄木是指以天然珍贵木材为基材，经截断—剖方—软化—刨切—烘干—剪切等一系列工序加工而成的薄片状高档表面装饰材料。俗称木皮。

薄木是家具制造和室内装修广泛使用的具有天然木纹的高档贴面材料，薄木的制造方法有锯切、旋切、刨切等多种方法，其中刨切薄木因其纹理美观、厚度薄而均匀、木材利用率高而得到广泛应用。

2. 薄木的特点与分类

（1）薄木有天然薄木、人造薄木和集成薄木之分

天然薄木：由天然珍贵树种的木方直接刨切制成的薄木，它具有天然珍贵木材的纹理、纹孔。饰面的家具产品色、泽、纹一致性高，涂饰效果好，纹孔丰富的薄木也是开孔涂饰的理想饰面材料。

人造薄木：由一般树种的旋切单板，经染色、组坯、胶压制成人造木方，再刨切制成的薄片装饰材料。人造薄木以直纹见多，装饰效果不及天然薄木。

集成薄木：由珍贵树种的小木方或一般树种染色后的小木方，按照薄木的花纹图案要求，胶拼成大规格的木方——即集成，再经刨切制成的整片拼花薄木。

（2）薄木按照厚度分

厚薄木：厚度＞0.5mm，一般指 0.5～3mm 厚的薄木。

薄型薄木：厚度＜0.5mm，一般指 0.2～0.5mm 厚的薄木。

微薄木：厚度＜0.2mm，一般指 0.05～0.2mm 厚的薄木。由于薄木太薄，易干裂、撕裂和变形，通常在背面黏合特种纸或无纺布。

3. 薄木的应用

薄木具有天然珍贵木材优美的纹理特征，也具有木材的优良的性能，是高档家具、厨柜的理想的表面饰面材料。

饰面的基材可以采用中密度纤维板、高密度纤维板、细木工板、多层板等，如图 3-7 所示。

竹纹 红橡

水曲柳 红檀

沙比利 黑胡桃

红花梨 柚木

图 3-7 常用天然薄木

薄木饰面工艺技术要求较高，通常在工厂完成。如果现场施工或薄木贴面技术缺乏时，可以选用薄木饰面的人造板产品取而代之。

薄木饰面胶合板：俗称面板，采用 3mm 厚胶合板为基材，表面薄木饰面。使用时直接将 3mm 的面板作为饰面材料使用，简单快捷，使用方便，是装修施工、现场制作家具的理想贴面材料。

薄木饰面中密度纤维板：将薄木胶贴在 3、5、9、12、15、18mm 中密度纤维板上，薄板用作贴面使用，厚板可直接使用。密度板板面光滑、平整度好，薄木饰面效果好。

（四）金属类表面装饰材料

金属表面装饰材料主要有不锈钢板、铝箔两类。

1. 不锈钢板材

不锈钢是指在空气中或化学腐蚀中能够抵抗腐蚀的高合金钢，其中铬的含量在 12％ 以上。不锈钢表面光洁、耐腐蚀性强、强度高、硬度好、耐磨耐久，是理想的厨房配件、厨房电器、厨房用具和厨柜台面材料，也是装修工程中极具现代感的饰面材料，如柱面、墙面、门面的表面包覆等。不锈钢板根据表面光泽程度分为镜面板、亚光板、浮雕板三种。常用厚度一般是 0.6mm、0.8mm、1.0mm 的不锈钢板材。

彩色不锈钢板是在不锈钢板上进行技术性和艺术性的加工，使其具有绚丽色彩的不锈钢装饰板，彩色面层能耐 200℃ 的温度，耐盐雾、耐腐蚀性能超过一般不锈钢，弯曲 90° 时，色彩层不会损害。

不锈钢板材因硬度高，加工困难，其应用受到了一定的限制。

2. 铝箔饰面

金属铝薄（0.6～1.5mm）具有低硬度、表面装饰处理（表面印花、表面氧化、表面着色、表面研磨、凸凹成型等）性能优异、易加工、耐水、耐锈、耐腐蚀、耐高温等特点。将其胶压到中密度纤维板表面饰面，是近年开发出来的新型装饰板材，广泛应用于整体厨柜、装饰行业。如图 3-8 所示。

图 3-8　金属铝箔饰面

3. 铝塑板

铝塑复合板作为一种新型表面装饰材料，自 20 世纪 80 年代末 90 年代初从韩国等地引进到中国，以其经济性、可选色彩的多样性、便捷的施工方法、优良的加工性能、绝佳的防火性及高贵的品质，迅速受到人们的青睐。国外生产铝塑板的企业并不是很多，但生产规模都很大。著名的有总部设在瑞士的 Alusuisse 公司、美国的雷诺兹金属公司、日本三菱公司、韩国大明等。

铝塑复合板是由多层材料复合而成，上下层为高纯度铝合金板，中间为无毒低密度聚乙烯（PE）芯板，其正面还粘贴一层保护膜。对于室外，铝塑板正面涂覆氟碳树脂（PVDF）涂层，对于室内，其正面可采用非氟碳树脂涂层，如聚酯涂层或丙烯酸涂层。如图3-9所示。

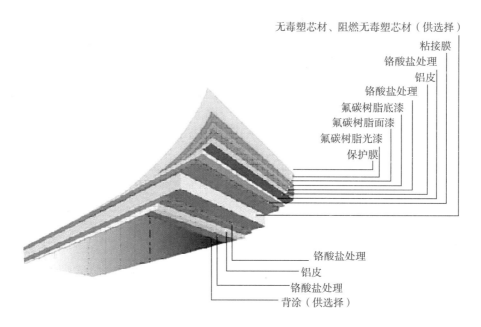

图3-9　铝塑板构造图

铝塑板具有剥离强度高、质轻易加工、防火耐腐、耐冲击、耐候、涂层均匀、色彩丰富、易保养等优异的理化性能，广泛应用于室内外装饰工程、厨房工程等。

（五）塑料类表面装饰材料

塑料类表面饰面材料主要有：PVC（聚氯乙烯薄膜）、PVE（聚乙烯薄膜）、Alkorcell（聚烯烃薄膜）、PET（聚酯薄膜）、PA（聚酰胺封边带、尼龙）、PP（聚丙烯封边带）、ABS（丙烯腈-丁二烯-苯乙烯三元共聚物封边带）。最为常用的主要是PVC薄膜、Alkorcell薄膜和亚克力装饰板材。

1. PVC薄膜

PVC，全名为Polyvinyl chloride，主要成分为聚氯乙烯，另外加入其他成分来增强其耐热性、韧性、延展性等的一类薄膜型表面装饰材料。常用PVC膜的厚度是0.1～0.6mm。

PVC膜的最上层是树脂，中间的主要成分是聚氯乙烯，最下层是背涂黏合剂。PVC膜具有优异的延展性，利用真空成型覆膜机术，可以实现板块部件的三维五面的包覆饰面，是理想的高档厨柜门板材料。如图3-10所示。

PVC膜饰面具有如下特点：

（1）优异的装饰性能：薄膜高仿真模拟木材的色泽、纹理，压印出导管沟槽和孔眼，美观逼真，色调柔和，真实感、立体感强。

（2）薄膜透气性小，饰面后空气湿度对基材的影响小，且具有防水、防潮功效。

（3）具有一定的耐磨、抗污、抗静电性能。

（4）塑料与木质板材为不同性质的材料，胶粘剂的要求较高。易出现老化脱落、开胶等质量缺陷。

（5）薄膜较软，基材表面平整光滑度要求较高，饰面基材一般只能采用中密度纤维板、高密度纤维板。

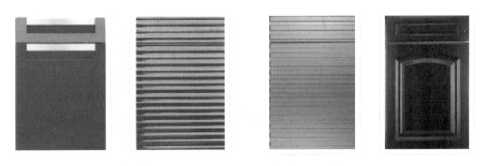

图 3-10　PVC 饰面模压门板及膜压门板厨柜

（6）薄膜延展性极好，可以实现板块的五面包覆饰面，不需封边处理。被誉为"零缺陷饰面材料"。

（7）表面硬度较低、耐热性较差。

2．亚克力饰面

"亚克力"是一个音译外来词，英文是"Acrylic"，是专指纯聚甲基丙烯酸甲酯（PMMA）材料，而把 PMMA 板材称作亚克力板，俗称"有机玻璃"。

亚克力具有以下特点：

（1）具有极佳透明度，晶莹剔透，透光率达 92% 以上，有"水晶"之称。

（2）具有优良的耐候性，抗老化性能优异。

（3）亚克力是热塑性材料，具有良好的加工性能和热弯性能，既适合机械加工又易热成型，可以实现板块的三面包覆饰面（正面和两个侧边）。

（4）亚克力板可以染色，表面可以喷漆、丝印或真空镀膜；亚克力板品种繁多，色彩艳丽，光亮似镜，光影装饰性好。

（5）亚克力板无毒、环保、卫生。所以亚克力板是理想的广告装饰材料，也可作为人造板表面的饰面材料。

亚克力板分透明板和不透明有色板，透明板晶莹剔透，表面柔和，有色板色泽艳丽，装饰效果好。如图 3-11、图 3-12 所示。

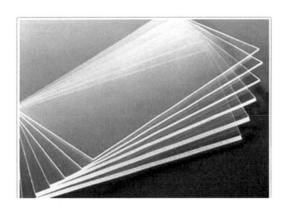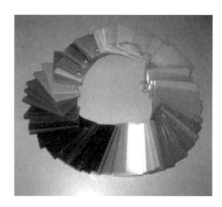

图 3-11　亚克力材料

图 3-12　亚克力水晶门板厨柜

3. 聚烯烃纤维素聚合薄膜

由聚烯烃和纤维素复合的薄膜，学名 Alkorcell，这种膜不含增塑剂，没有有毒气体排放，而且含有纤维素，有一定的透气性，介于塑料薄膜和纸张之间的一种产品。这种膜具有如下特点：

(1) 这种膜印刷性能好，并可模压浮雕花纹，具有优异的饰面性。

(2) 薄膜柔软，可实现表面饰面和侧边包覆饰面一体化。

(3) 能保持形状稳定的温度范围，$-30℃\sim1500℃$。

(4) 耐水、耐污染、耐水蒸气。

(5) 薄膜不分层、不脆裂，使用时间长。

(6) 遮盖性能优异，定量为 $100\sim150g/m^2$。

(六) 涂饰类表面装饰材料

人造板表面涂饰饰面主要有直接印刷和转移印刷。

1．直接印刷

直接印刷是指在素板表面进行木纹印刷的一种二次加工方法。其工艺流程如下：

人造板素板→砂光→打腻子→干燥→打腻子→干燥→砂光→涂底涂料→干燥→印刷木纹→涂面涂料→干燥→成品。

直接印刷成本低，能得到美丽的花纹，由于纹理来源于印刷，其真实效果和立体感较差。

直接印刷装饰可选用刨花板或中密度纤维板基材，使用前应进行厚度调整和精细砂光，厚度偏差达到±0.2mm，要求表面光滑，才能取得较好的印刷效果。

2．转移印刷

转移印刷是指借助特制的转印薄膜，通过加热、加压使膜上的木纹转印到人造板基材表面的饰面技术。它具有如下优点：

（1）转印不仅能转印木纹、图案，还能转印金属箔，而且真实感强。

（2）转印不用油墨、涂料和胶粘剂，不会污染环境。

（3）工艺简单、加工方便。

（4）印刷时间短，效率高，适于大量生产。

（5）性能优异，具有耐磨、耐热、耐水、耐污染的特点。

五、任务实施

（一）工作准备

板材：三层结构刨花板样板 300×200×18 五块。

饰面材料：铝箔、木纹浸渍纸、耐火板、水曲柳刨切薄木、PVC膜。

工具：放大镜、游标卡尺。

制订工作计划：工作计划内容包括项目完成的时间、地点以及完成的数量和质量、主要操作步骤和技术要点。

（二）任务实施：材料的观察与记录

观察所提供的刨花板基材和5种饰面材料，将观察和实验结果填入表3-1、表3-2中。

表3-1　5种饰面材料识别与特性观察记录表

年　　月　　日

板块编号	材料名称	外观特性				
		装饰性	材料厚度	材料柔韧性	表面硬度	胶合性
01						
02						
03						
04						
05						
观察总结：适合刨花板基材的饰面材料有哪些？						

记载人：

表 3-2　贴面基材的选择

年　　月　　日

板块编号	材料名称	适合贴面的基材
01		
02		
03		
04		
05		

记载人：

（三）成果提交

（1）五种饰面材料识别与特性观察记录，刨花板基材饰面材料的选择表。

（2）五种饰面材料贴面基材的选择。

（3）分析：适合刨花板基材的饰面材料有哪些？（实习报告）

（4）成果认定：提交成果按百分制评定成绩，分为准确性、完整性、综合素质三个方面评价。

正确性：占总分的 50%，考核学生完成任务的正确程度。

完整性：占总分的 40%，考核学生完成任务的圆满程度，是否完成所有任务。

综合素质：占总分的 10%，考核学生文明施工、爱护环境等综合素质。

六、知识拓展

塑料的特性与种类：

1. 塑料的概念与组成

塑料是以单体为原料，通过加聚或缩聚反应聚合而成的高分子化合物，俗称塑料或树脂。塑料由合成树脂及填料、增塑剂、稳定剂、润滑剂、色料等添加剂组成。

◆ 合成树脂：是塑料的主要成分。树脂是指尚未和各种添加剂混合的高分子化合物。树脂约占塑料总重量的 40%～100%。塑料的基本性能主要决定于树脂的本性，但添加剂也起着重要作用。有些塑料基本上是由合成树脂所组成，不含或少含添加剂，如有机玻璃、聚苯乙烯等。

其实树脂与塑料是两个不同的概念。树脂是一种未加工的原始高分子化合物，它不仅用于制造塑料，而且还是涂料、胶粘剂以及合成纤维的原料。而塑料除了极少一部分含 100% 的树脂外，绝大多数的塑料，除了主要组分树脂外，还需要加入其他物质。

◆ 填料又叫填充剂：它可以提高塑料的强度和耐热性能，并降低成本。例如酚醛树脂中加入木粉后可大大降低成本，使酚醛塑料成为最廉价的塑料之一，同时还能显著提高机械强度。

填料可分为有机填料和无机填料两类，前者如木粉、碎布、纸张和各种织物纤维等，后者如玻璃纤维、硅藻土、石棉、炭黑等。填充剂在塑料中的含量一般控制在 40% 以下。

◆ 增塑剂或称塑化剂：可增加塑料的可塑性和柔软性，降低脆性，使塑料易于加工成型。增塑剂（塑化剂）一般是能与树脂混溶，无毒、无臭，对光、热稳定的高沸点有机化合物，最常用的是邻苯二甲酸酯类。例如生产聚氯乙烯塑料时，若加入较多的增塑剂便可得到软质聚氯乙烯塑料，若不加或少加增塑剂（用量<10%），则得到硬质聚氯乙烯塑料。

◆ 稳定剂：主要是指保持高聚物塑料、橡胶、合成纤维等稳定，防止其分解、老化的试剂。为了防止合成树脂在加工和使用过程中受光和热的作用分解和破坏，延长使用寿命，要在塑料中加入稳定剂。常用的有硬脂酸盐、环氧树脂等。稳定剂的用量一般为塑料的 0.3%～0.5%。

◆ 着色剂：可使塑料具有各种鲜艳、美观的颜色。常用有机染料和无机颜料作为着色剂。合成树脂的本色大都是白色半透明或无色透明的。在工业生产中常利用着色剂来增加塑料制品的色彩。

◆ 润滑剂：防止塑料在成型时粘在金属模具上，同时可使塑料的表面光滑美观。常用的润滑剂有硬脂酸及其钙镁盐等。

◆ 抗氧剂：防止塑料在加热成型或在高温使用过程中受热氧化，而使塑料变黄，发裂等。

除了上述助剂外，塑料中还可加入阻燃剂、发泡剂、抗静电剂、导电剂、导磁剂、相容剂等，以满足不同的使用要求。

◆ 抗静电剂：塑料是卓越的绝缘体，所以很容易带静电，而抗静电剂可以赋予塑料以轻度至中等的电导性，从而可防止制品上静电荷的积聚。

2. 塑料的主要特性

优点：

◆ 大多数塑料质轻高强，抗腐蚀能力强，化学性稳定，不会锈蚀，耐化学侵蚀。

◆ 耐冲击性好。

◆ 具有较好的光泽、透明性和耐磨耗性。

◆ 绝缘性好，导热性低。

◆ 一般成型性、着色性好，加工成本低，可大量生产，价格便宜。

◆ 大部分塑料耐热性差，热膨胀率大，易燃烧。

◆ 尺寸稳定性差，容易变形。

◆ 多数塑料耐低温性差，低温下变脆，容易老化，部分耐高温。

◆ 某些塑料易溶于溶剂。

缺点：

◆ 回收利用废弃塑料时，分类十分困难，而且经济上不合算。

◆ 塑料容易燃烧，燃烧时产生有毒气体。例如聚苯乙烯燃烧时产生甲苯，这种物质少量会导致失明，吸入有呕吐等症状，PVC 燃烧也会产生氯化氢有毒气体。除了燃烧，就是高温环境，会导致塑料分解出有毒成分，例如苯等。

◆ 塑料埋在地底下几百年、几千年甚至几万年也不会腐烂。

◆ 塑料的耐热性能等较差，易于老化。

◆ 塑料无法自然降解，污染环境。

3. 塑料的分类、品种及应用

（1）按用途分

根据各种塑料不同的使用特性，通常将塑料分为通用塑料、工程塑料和特种塑料三种类型。

① 通用塑料：一般是指产量大、用途广、成型性好、价格便宜的塑料。通用塑料有五大品种，即聚乙烯（PE）、聚丙烯（PP）、聚氯乙烯（PVC）、聚苯乙烯（PS）及丙烯腈-丁二烯-苯乙烯共聚合物（ABS）。这五大类塑料占据了塑料原料使用的绝大多数。

◆ 聚乙烯（PE）：常用聚乙烯可分为低密度聚乙烯（LDPE）、高密度聚乙烯（HDPE）和线性低密度聚乙烯（LLDPE）。三者当中，HDPE 有较好的热性能、电性能和机械性能，而 LDPE 和 LLDPE 有较好的柔韧性、冲击性能、成膜性等。LDPE 和 LLDPE 主要用于包装用薄膜、农用薄膜、塑料改性等，而

HDPE的用途比较广泛，薄膜、管材、注射日用品等多个领域。

◆ 聚丙烯（PP）：无毒、无味、密度小，强度、刚度、硬度、耐热性均优于低压聚乙烯，具有良好的介电性能和高频绝缘性，且不受湿度影响，但低温时变脆，不耐磨、易老化。适合于制作一般机械零件、耐腐蚀零件和绝缘零件。常见的酸、碱等有机溶剂对它几乎不起作用。

◆ 聚氯乙烯（PVC）：由于其成本低廉，产品具有自阻燃的特性，故在建筑领域里用途广泛，尤其是下水道管材、塑钢门窗、板材、人造皮革等用途最为广泛。

◆ 聚苯乙烯（PS）：作为一种透明的原材料，在有透明需求的情况下，用途广泛，如汽车灯罩、日用透明件、透明杯、罐等。

◆ABS：是一种用途广泛的工程塑料，具有杰出的物理机械和热性能，广泛应用于家用电器、面板、面罩、组合件、配件等，尤其是家用电器，如洗衣机、空调、冰箱、电扇等，用量十分庞大，另外在塑料改性方面，用途也很广。

② 工程塑料：一般指能承受一定外力作用，具有良好的机械性能和耐高、低温性能，尺寸稳定性较好，可以用作工程结构的塑料，如聚酰胺等。在工程塑料中又将其分为通用工程塑料和特种工程塑料两大类。

工程塑料在机械性能、耐久性、耐腐蚀性、耐热性等方面能达到更高的要求，而且加工更方便并可替代金属材料。工程塑料被广泛应用于电子电气、汽车、建筑、办公设备、机械、航空航天等行业，以塑代钢、以塑代木已成为国际流行趋势。

③ 特种塑料：一般是指具有特种功能，可用于航空、航天等特殊应用领域的塑料。如氟塑料和有机硅具有突出的耐高温、自润滑等特殊功用，增强塑料和泡沫塑料具有高强度、高缓冲性等特殊性能，这些塑料都属于特种塑料的范畴。

（2）根据塑料特性分

可以把塑料分为热固性塑料和热塑性塑料两种类型。

◆ 热塑性塑料：是指加热后会熔化，可流动至模具冷却后成型，再加热后又会熔化的塑料；即可运用加热及冷却，使其产生可逆变化（液态←→固态），是所谓的物理变化。通用的热塑性塑料其连续的使用温度在100℃以下，聚乙烯、聚氯乙烯、聚丙烯、聚苯乙烯并称为四大通用塑料。

◆ 热固性塑料：是指在受热或其他条件下能固化或具有不溶（熔）特性的塑料，如酚醛塑料、环氧塑料等。

（3）常用塑料品种及用途

表3-3

简称	中文学名	俗称	回收标识	用途
PE	聚乙烯			食品包装袋、餐具
PP	聚丙烯	百折胶，塑料	05	微波炉餐盒、保鲜膜、给水管
HDPE	高密度聚乙烯	硬性软胶	02	清洁用品、沐浴产品
LDPE	低密度聚乙烯		04	保鲜膜、塑料膜等
LLDPE	线性低密度聚乙烯			农用膜
PVC	聚氯乙烯	搪胶	03	塑料薄膜、排水管、家具膜、家具封边条、家具五金等
GPPS	通用级聚苯乙烯	硬胶		广告材料
EPS	聚苯乙烯泡沫	发泡胶		建筑材料

（续表）

简称	中文学名	俗称	回收标识	用途
HIPS	耐冲击性聚苯乙烯	耐冲击硬胶		建筑材料
AS/SAN	苯乙烯—丙烯腈共聚物	透明大力胶		建筑材料
ABS	丙烯腈—丁二烯—苯乙烯共聚合物	超不碎胶		家具五金、家具调整脚
PMMA	聚甲基丙烯酸酯	亚克力/有机玻璃		家具表面饰面、亚克力门板
EVA	乙烯—醋酸乙烯之共聚合物	橡皮胶		热熔胶
PET	聚对苯二甲酸乙二醇酯	聚酯	01	矿泉水瓶/碳酸饮料瓶
PBT	聚对苯二甲酸丁酯			
PS	聚苯乙烯		06	碗装泡面盒、快餐盒

七、巩固练习

1. 名词解释

（1）饰面材料

（2）三聚氰胺浸渍纸

（3）刨切薄木

（4）耐火板

2. 简答题

（1）薄木饰面适合的人造板基材有哪些？

（2）简述耐火板的构成及性能特点？

（3）PVC 饰面材料的性能特点？

3. 分析论述题

选择下列人造板材适宜的表面饰面材料，并说明理由。

胶合板、中密度纤维板、定向刨花板、细木工板。

项目二　家具涂料

任务二　家具涂料的选择和使用

一、任务描述

家具涂料亦称油漆，是生产木质家具的主要材料之一。涂饰于家具表面起到保护和装饰作用。通过家具涂料的选择和使用这一任务的实施，使学生掌握常用家具涂料的种类及性能特点，培养学生正确选择和使用家具涂料的专业技能。

二、学习目标

知识目标：

（1）掌握家具涂料的种类及性能特点。

（2）具有分析家具涂料使用特性的专业知识。

能力目标：

（1）能够正确选择和使用家具涂料。

（2）能够正确分析各种家具涂料的性能特点和工艺技术要求。

三、任务分析

课时安排：4 学时。

知识准备：家具涂料的种类及性能特点。

任务重点：家具涂料的选择和使用。

任务难点：家具涂料的特性分析、家具涂料的使用。

任务目标：能准确分析家具涂料的性能特点，具有选择和使用家具涂料的专业技能。

任务考核：分家具涂料分类识别与特性分析、家具涂料的选择和使用两部分考核，各占 50 分，总分 60 分以上考核合格。

四、知识要点

（一）油漆涂料的组成

任何一种油漆涂料都是由主要成膜物质、次要成膜物质和辅助成膜物质三部分组成。这三部分的作用如下：

（1）主要成膜物质——基料、胶粘剂

主要成分是树脂胶（合成树脂或天然树脂），在涂料中起粘接作用，直接关系着涂料的附着力和涂料的理化性能，对涂层的硬度、柔性、耐磨性、耐冲击性、耐候性、耐水性等物理、化学性质起决定作用。是构成油漆的核心成分。

（2）次要成膜物质——颜料与填料

次要成膜物质是帮助成膜的各种添加成分，主要是颜料和填料两部分。

颜料：赋予涂料色彩的添加剂，同时还能提高涂膜的遮盖力和机械强度，减少收缩，提高涂膜抗老化能力。

填料：提高涂膜的厚实度和遮盖力，也可以改善涂膜的性能，降低涂料的成本。一般添加在磁漆中。常用的填料是钛白粉。

（3）辅助成膜物质——助剂、改性剂、固化剂等

辅助成膜物质大致可以分为：

帮助成膜的添加剂：固化剂、催干剂、催化剂等。

改善涂膜施工性能的添加剂：稀释剂、溶剂。

改善涂膜性能的添加剂：抗紫外线剂、耐磨剂、防霉剂、抗氧化剂、阻燃剂等。

（二）油漆涂料的种类与性能特点

1. 家具涂料的类型

家具涂料按照不同的分类办法，有不同的类型，如表 3-4 所示。

表 3-4 家具涂料的类型

分类方法	类型	特性
组分数	单组分漆	只有一个组分，不用调配（稀释除外），即开即用，施工方便，如硝基漆
	多组分漆	两个以上组分，使用时按一定比例调配混合，现配现用，固化前用完，如 PU 漆
含颜料量	清漆	不含颜料的透明油漆，用于透明涂饰，如水晶清漆
	色漆	不含体质颜料的有色透纹油漆，用于有色透纹涂饰，如黑红棕色漆
	磁漆	含有着色颜料和体质颜料的不透明油漆，用于不透明涂饰，如硝基磁漆
涂膜光泽	亮光漆	涂膜固化干燥后，表面呈现较高光泽的油漆，如亮光清漆
	亚光漆	涂膜固化干燥后，表面呈现较低光泽或无光的油漆，如亚光清漆
溶剂含量与类型	溶剂型油漆	含有挥发性有机溶剂，涂饰后油漆中溶剂挥发，其他成分沉积成膜，如 PU 漆
	无溶剂油漆	不含挥发性有机溶剂和稀释剂，成膜时无有机物挥发，如 UV 漆
	水性涂料	以水作为稀释剂的油漆，因无有机物挥发，不污染环境，如水性油漆
	粉末涂料	不含挥发性有机溶剂和稀释剂，呈粉末状态的油漆，如金属静电粉末漆
固化方式	溶剂挥发型	依靠溶剂挥发而干燥成膜的油漆涂料，修复性好，如硝基漆
	化学反应型	油漆成分间或与溶剂发生化学反应而固化成膜涂料，如 PU 树脂漆
	气干型	不需要特殊加热或辐射便能在空气中直接自然干燥的油漆，如桐油
	辐射固化型	必须经紫外线照射才能固化的油漆，如 UV 漆
涂层施工工序	腻子	嵌补虫眼、钉孔、裂缝的稠厚膏状物，如水性腻子、油性腻子等
	填孔剂	填充木材纹孔的稍稠浆状体，含着色颜料、体质颜料、胶粘剂等
	着色剂	用于基层着色或涂层着色的液体，含有颜料、稀料和清漆
	底漆	封闭底层，连接面漆，承上启下的打底油漆，减少面漆用量
	面漆	家具表面装饰涂料，清漆、色漆、磁漆等

2. 油漆的品种、性能特点及应用

（1）水性漆

常见的水性漆按其主要成分，分为以下几类：

① 以丙烯酸为主要成分的水性木器漆：采用丙烯酸乳液为主要成分，适宜做水性木器底漆、哑光面漆。该产品主要特点是附着力好，不会加深木器的颜色，但耐磨及抗化学性较差，由于光泽差所以无法制作高光度的漆，而且硬度一般、成膜性能较差。因其成本较低且技术含量不高，成为市场上的入门级产品。

② 以丙烯酸与聚氨酯的合成物为主要成分的水性木器漆：其特点除了秉承丙烯酸漆的特点外，又增加了耐磨及抗化学性强的特点。兼具了上述两类的优点，成本比较适中，可以自交联，亦可用于双组分体系，硬度好、干燥快、耐磨、耐化学性能好、黄变程度低或不变黄，适合于做亮亚光漆、底漆、户外漆等。

③ 聚氨酯水性木器漆：聚氨酯水性木器漆的耐磨性能甚至达到油性漆的几倍，为水性漆中的高级产品。包括芳香族和脂肪族聚氨酯分散体，采用脂肪族聚氨酯分散体为主要成分的水性木器漆，产品耐黄变性优异，更适于户外。它们的成膜性能都较好，自交联光泽较高、耐磨性好，不容易产生气泡和缩孔。但硬度一般，价格较贵，适合于做亮光面漆、地板漆等。

④ 水性双组分聚氨酯为主要成分的水性木器漆：该产品是采用双组分的，其中一组分是带-OH 的

聚氨酯水性分散体，二组分是水性固化剂，主要是脂肪族的；此两组分通过混施工，产生交联反应，可以显著提高水性木器漆的耐水性、硬度、漆膜丰满度、光泽度，综合性能较好，具有较高的抗黄变性能。

水性漆的具有以下特点：

◆ 水溶性涂料，无毒环保，不含苯类等有害溶剂，不含游离 TDI。

◆ 施工简单方便，不易出现气泡、颗粒等油性漆常见毛病，且漆膜手感好。

◆ 固体含量高，漆膜丰满。

◆ 不黄变，耐水性优良，不燃烧。

◆ 可与乳胶漆等其他油漆同时施工。

◆ 部分水性漆的硬度不高，容易出划痕，这一点在选择时要特别注意。

（2）油性漆

木制品表面涂饰常用的油性漆主要有以下品种：

① 油脂漆：以植物油为主要成膜物质的一类油漆涂料，也称油性漆。它的优点是涂饰方便、渗透性好、价格低廉，有一定的装饰性和保护性。缺点是漆膜干燥缓慢，质软，不耐打磨和抛光，耐水、耐候、耐化学性较差。适于质量要求较低家具涂饰。

清油（光油）：精制植物油经高温炼制后加入催干剂制成的一种低级透明涂料。如桐油，一般用作底漆、腻子或用于调制油性厚漆。

厚油（铅油）：由着色颜料、大量体质颜料与少量精制油料经碾磨而制成的稠厚浆状混合物。不能直接使用，需按用途加入清油调配后才能涂饰使用。它是一种品质较差的不透明涂料，只适合于打底或用作调配腻子等配色时使用。

调和漆：已调制好的一种不透明涂料。漆膜附着力好，施工简单。缺点是漆膜耐酸性、光泽和硬度都不理想，干燥也缓慢，适合于一般涂饰使用。

② 天然树脂漆：以天然树脂为主要成膜物质的一类油漆涂料。

油基漆：由精制干性油与天然树脂加热熬制后加入溶剂、催干剂制得的涂料。常用品种为酯胶清漆、酯胶磁漆。其漆膜光亮、耐水性较好，有一定的耐候性。适用于普通家具涂饰。

虫胶漆：俗称洋干漆，以虫胶片溶于酒精溶液为主要成膜物质的油漆涂料。虫胶漆虫胶含量一般在 10%～40%，酒精浓度 90%～95%，主要用作透明涂饰的封闭底漆、腻子调配等。也可作为一般家具的面漆使用。虫胶漆施工方便、干燥快、封闭与隔离性好，耐热和耐水性较差，易出现吸潮泛白、剥落等现象。

大漆（又称国漆，中国漆）：是以漆树的一种分泌物为主要成膜物质的天然树脂漆。为我国所特产。其漆膜坚硬富有光泽、附着力强、耐磨、耐热、耐水、耐溶剂，综合性能优良，耐久性好，不足之处是颜色较深、性脆、黏度高、难施工、干燥时间长、易过敏。主要用于中式古典硬木家具涂饰。

大漆分为生漆、熟漆、广漆、彩漆。

生漆：采集后经过滤去杂质、脱去部分水分所制成的一种白黄或红褐色浓液。

熟漆：也称推光漆，是生漆经日晒或低温烘烤处理再除去部分水分所制成的一种黑色大漆。

广漆：又称金漆、笼罩漆，是生漆中加入桐油或亚麻油经加工制成的紫褐色半透明的油漆。

彩漆：又称朱红漆，广漆中加入颜料调制而成的各种颜色的彩漆。

（3）合成树脂漆

① 硝基漆（NC）：是以硝酸纤维素为主要成膜物质的一种单组分油漆。它具有如下特点：

优点：

◆ 施工方便，可刷、擦、喷、淋等多种施工方法。

◆ 漆膜干燥迅速。

◆ 漆膜光亮、坚硬、平滑、耐磨、耐弱酸弱碱。

◆ 修复性好。

缺点：

◆ 附着力、耐热性较差。

◆ 固体分含量低，需多次涂饰。

◆ 受气候影响，易泛白、鼓泡、皱皮。

硝基漆适用于中高级家具涂饰。硝基磁漆修复性好，适合于装饰工程不透明涂饰施工。

② 聚氨酯树脂漆（PU）：是以聚氨基甲酸酯高分子化合物为主要成膜物质的一类油漆涂料。其中应用最多的是羟基固化异氰酸酯型的双组分油漆。使用时，甲、乙组分按照2：1混合，并加入稀释剂调整黏度。可喷、刷、淋等多种施工方式。它具有如下性能特点：

优点：

◆ 外观：漆膜光泽丰满，清漆晶透，磁漆色彩艳丽。

◆ 附着力强。

◆ 理化性能优异：漆膜坚硬耐磨、耐热、耐水、耐寒、耐温差、耐酸碱。

缺点：

◆ 施工时消耗大量有机溶剂（稀释剂），污染环境，影响身体健康。

PU漆是目前家具、装饰行业广泛使用的树脂漆，适用于木制品表面涂饰。常用品种有透明清漆、有色清漆、磁漆。

③ 聚酯树脂漆（PE）：是以不饱和聚酯树脂为基础的一种独具特点的家具涂料。这类油漆为无溶剂型涂料，具有如下性能特点：

优点：

◆ 漆膜丰满厚实，光泽度极高。

◆ 漆膜坚硬耐磨、耐热、耐水、耐酸碱、耐溶剂性好。

◆ 耐久，保光保色性好。

◆ 黏度低，流平性好。

缺点：

◆ 漆膜性脆，抗冲击性差。

◆ 附着力较差，漆膜厚，组分多。

◆ 固化时需隔氧处理，主要采用蜡封隔氧法、薄膜覆盖隔氧法。

PE漆施工需要隔氧处理，主要用于家具涂饰。

④ 醇酸树脂漆：由多元酸、多元醇经脂肪酸或油改性共聚制成的单组分涂料。它具有如下性能特点：

优点：

◆ 耐候性、保色性好，不易老化。

◆ 有较好的附着力、光泽、硬度和柔韧性。

缺点：

◆ 流平性较差。

◆ 漆膜耐水、耐碱性较差。

醇酸树脂能制成清漆、磁漆、底漆、腻子，用于家具涂饰、金属表面涂饰。

⑤ 丙烯酸树脂漆：又称亚克力树脂，是由丙烯酸及其酯类、甲基丙烯酸及其酯类和其他乙烯基单体

经共聚生成的一类树脂。以这类树脂为主要成膜物质的油漆即为丙烯酸树脂漆。它具有良好的保光保色性，也具有较高的耐热、耐磨、耐久性，漆膜丰满，光泽度高。

⑥ 酚醛树脂漆：是以酚醛树脂或改性酚醛树脂为主要成膜物质的一类涂料。漆膜柔韧耐久，光泽较好。具有较好的耐水、耐磨、耐化学药品性，但颜色较深，易泛黄，干燥慢，表面光滑度较差。

⑦ UV漆：也称光敏漆、光固化漆，是以光敏树脂、活性稀释剂、光敏剂及其他添加剂组成的一种单组分涂料，它具有如下性能特点：

优点：

◆ 漆膜丰满厚实、光泽度高。

◆ 理化性能优异，漆膜坚硬，耐磨性极高。

◆ 无溶剂涂料、不污染环境，对人体无害。

◆ 紫外线固化、速度快，适合于流水线生产。

缺点：

适合家具部件正面涂装。不适合板件侧边、复杂形状表面及装配成型的家具涂饰，因不便于紫外线照射，涂饰后不能干燥。UV漆主要用于实木地板、板式家具正面涂装。

（三）油漆的性能及选用原则

家具涂料的选择应满足下列原则和要求：

（1）美化产品，具有良好的装饰性。

（2）适应环境的要求，具有良好的保护性。

（3）具有良好的施工性。

（4）具有良好的装配性。

（5）具有合适的经济性。

具体性能要求见表3-5所示：

表3-5　家具用涂料的性能要求

项目	性能要求
漆膜装饰性	光泽、保光性、色泽保色性、透明度、质感、观感、触感
漆膜保护性	附着力、硬度、柔韧性、抗冲击性、耐液、耐磨、耐热、耐寒、耐温、耐候、耐久等
施工操作性	流平性、细度、黏度、固体含量、干燥时间、遮盖力、储存稳定性、涂饰方法等
层间配套性	层间涂料相容和：无皱皮、桔纹，无脱落、无咬底等
经济性	质量好、价格低

五、任务实施

（一）工作准备

材料：常用油漆硝基清漆、聚氨酯清漆、透明底漆、色精、稀释剂。

涂饰样板：水曲柳薄木饰面胶合板小样，尺寸300×200（mm）。

油漆工具：羊毛刷，240♯、500♯、1200♯砂纸等。

制订工作计划：工作计划内容包括项目完成的时间、地点以及完成的数量和质量、主要操作步骤和技术要点。

（二）任务实施

硝基漆和聚氨酯树脂漆的识别及性能比较。

1. 基本观察

观察所提供的油漆，将其基本信息记录在表3-6中。

表3-6　油漆基本信息观察记录表

年　　月　　日

油漆品种	组分	黏度	透明度	使用说明
硝基漆				
聚氨酯漆				
透明底漆				

记载人：

2. 小样底着色透明涂饰实验

取材料小样，在实训老师指导下完成涂饰实验，并记录相关信息于表3-7中。

表3-7　油漆涂饰信息操作记录表

年　　月　　日

油漆品种	涂饰方法	固体含量	流平性	表干时间	全干时间	可修复性	其他
硝基漆							
聚氨酯漆							
透明底漆							

记载人：

3. 漆膜性能测试

在老师的指导下，完成漆膜性能测试，并记录相关信息于表3-8中。

表3-8　油漆漆膜性能测试结果记录表

年　　月　　日

油漆品种	外观特性				理化性能				
	丰满度	光泽度	触感	透明度	硬度	柔韧性	附着力	耐热	耐酸碱盐
硝基漆									
聚氨酯漆									

记载人：

（三）成果提交

（1）油漆基本信息观察记录表。

（2）油漆涂饰信息操作记录表。

（3）油漆性能测试结果记录表。

（4）油漆涂饰实验报告。

（5）成果认定：提交成果按百分制评定成绩，分为准确性、完整性、综合素质三个方面评价。

正确性：占总分的 50%，考核学生完成任务的正确程度。

完整性：占总分的 40%，考核学生完成任务的圆满程度，是否完成所有任务。

综合素质：占总分的 10%，考核学生文明施工、爱护环境等综合素质。

六、知识拓展

1. 有色透明 PU 面漆

有色透明 PU 面漆是采用 PU 清漆加入色精等添加剂调制成固定颜色的油漆涂料。由于面漆自带颜色，使用时直接选用，不需再作调色处理。简化了油漆调色工艺，避免了调色因人为因素而导致的调色不均、调色偏差等现象。广泛用于面着色涂饰使用。常用颜色如：浅花梨色哑光透明漆、琥珀黄色哑光透明漆、红棕色哑光透明漆、橙啡色哑光透明漆、黑啡色哑光透明漆、棕色哑光透明漆、深花梨色哑光透明漆、柚木色哑光透明漆、酸枝红色哑光透明漆等。该面漆具有如下特点：

（1）透明有色面漆光泽柔和，色浓度高，着色力强，颜色清丽脱俗，透明度好，硬度高。

（2）常温下，产品表干时间小于 20 分钟，实干时间小于 24 小时。

2. 使用方法

面着色涂饰工艺为：木坯→基层处理、填孔→底得宝封闭→PU 或 PE 透明底漆两至三道→有色透明面漆（喷涂）→（清面漆罩面）。

3. 底着色面修色涂饰工艺

底着色面修色是直接在打磨好的白坯表面喷涂或做过封闭底漆的板材表面上擦涂颜色——即底着色，再涂装底漆封闭，经过再次打磨砂光后再用有色透明面漆修整颜色——即面修色，最后在表面涂饰清面漆保护。

该涂饰工艺综合了传统的底着色涂饰技术和现代的面着色技术，整个着色工艺分两步完成：底着色＋面修色。确保着色的精准性。操作比较好控制，是简化涂饰着色的技术难度。且板材涂饰后木纹清晰、深沉、稳重、古典、耐看，该工艺在家具行业得到广泛推广和应用。

底着色面修色涂饰工艺流程：白坯表面处理（打磨）→板材封闭（底得宝涂饰）→轻磨→擦色或喷色→喷涂透明底漆封闭→轻磨→（喷涂或刷涂透明底漆）→打磨→带色面漆修色调整→轻磨→清面漆涂饰。

七、巩固练习

1. 名词解释

（1）NC 漆

（2）PU 漆

（3）UV 漆

（4）附着力

（5）漆膜硬度

2. 简答题

（1）涂料的基本组成及其作用？

（2）底漆涂饰的必要性？

（3）底着色面修色涂饰工艺的一般流程？

3．分析论述题

根据下列环境或产品要求选择合适的油漆涂料，并说明其理由。

（1）装修现场施工，家具做白色不透明涂饰。

（2）实木地板表面涂装。

（3）家具厂生产，家具做开孔有色透纹涂饰。

项目三　家具封边材料

任务三　板式家具封边材料的选择

一、任务描述

家具部件的侧边处理离不开封边材料，封边材料一方面起到美观装饰的作用，另一方面起到保护部件边部的作用。该任务以板式家具封边材料的选择为例，让学生掌握家具封边材料的类型与性能特点，具有正确分析选择和使用封边材料的专业技能。

二、学习目标

知识目标：

（1）掌握封边材料的种类及性能特点。

（2）具有正确分析和选择封边材料的专业知识。

能力目标：

（1）能够正确选择和使用封边材料。

（2）能够正确分析各种封边材料的性能特点。

三、任务分析

课时安排：4学时。

知识准备：封边材料的种类与性能特点。

任务重点：板式家具封边材料的选择和使用。

任务难点：板式家具封边材料的选择和使用。

任务目标：掌握封边材料的种类与性能特点，正确分析选择和使用封边材料。

任务考核：分封边材料的种类与性能特点描述、封边材料的选择和使用两部分考核，各占50分，总分60分以上考核合格。

四、知识要点

（一）家具封边处理的形式

家具部件的正面采用饰面材料覆面处理，而其侧边往往会暴露出材料的结构和横切面，由于材质的差异性和结构的多层性，边部就会显得不美观，所以家具部件的边部处理也就显得非常重要。一方面它提升了家具的完美程度，使其尽善尽美；另一方面，边部处理其能起到保护作用，防止边部吸湿变形和分层。

边部处理的形式概括起来有以下几种：

1. 封边

封边就是用装饰木线条、塑料封边条、薄木、单板、纸质封边条等薄型材料（一般厚度小于3mm），经涂胶、贴合、截头、修边、砂光等系列工序，将部件边部封闭起来，起到装饰和保护作用。封边的接合方式以胶结和为主。封边的形式包括手工封边、机械封边、全自动封边等。如图3-13所示。由于封边使用的是薄型材料，所以边形都是直边，造型较简洁。直线型、曲线型的直边都可以采用这一工艺。

2. 包边

又称为后成型封边，家具的正面饰面材料覆面饰面时，边部预留足够的宽度尺寸，然后采用包覆设备，将部件的侧边弯曲包覆过来，形成连续的饰面效果。这种边部处理工艺，正面和侧边是同种材料，装饰效果好，平滑流畅、色调一致，不会出现封边脱落、缝隙藏污等缺陷。如图3-14所示。适合包边的材料主要有后成型耐火板、PVC塑料薄膜、木纹印刷纸、微薄木等弯曲性好的材料。由于包边使用的也是薄型材料，边形以圆弧边、鸭嘴边、斜角圆边等流畅圆滑的边形为主。

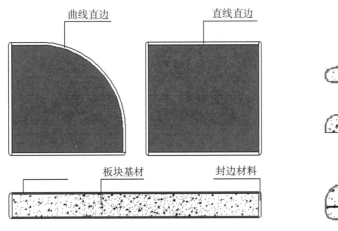

图3-13 封边的形式

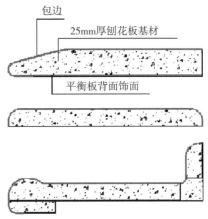

图3-14 家具包边的形式

3. 镶边

在板件的侧边采用装饰线条如木线条、塑料线条、金属线条等，将板块侧边封贴起来的处理技术。这些镶边的线条一般较厚，造型也可以多变。如图3-15所示。

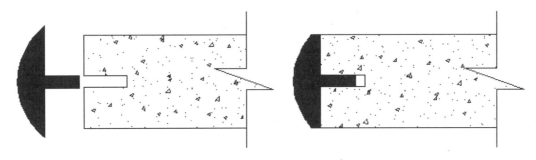

图3-15 家具镶边的形式

4．折边

采用 V 形槽折叠工艺，对边部进行处理的工艺技术。如图 3 - 16 所示，该工艺只适合直边、直角。饰面材料一般是柔韧性好的材料，如 PVC、铝箔、铝塑板等。

5．边部涂饰

部件边部采用不透明涂饰工艺，将部件侧边完全覆盖的处理技术。当部件采用不透明油漆涂饰时，正面和边部一起油漆涂饰，整体效果好。缺点是由于构成部件的材料的收缩性不同，可能导致边部油漆开裂。

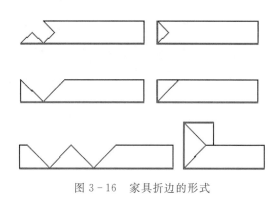

图 3 - 16　家具折边的形式

（二）家具封边材料的种类、性能特点及应用

1．装饰木线

木线条一般选用实木材料经过干燥处理后，用机械加工或手工加工而成。木线条应表面光滑，棱角棱边、弧面弧线轮廓分明，有很好的装饰效果。

装饰木线用作边部处理，具有木材的装饰特性（颜色、纹理、质感、肌理等）和使用性能，具有很好的边部造型效果。适用于油漆涂饰、造型复杂、要求较高的边部处理。

木线条主要用于木质装修中的封边和收口，也可用于门框、门扇、窗框等。式样雅致、做工精细、色彩淡雅的实木线条，能使您的居家装修妙笔生花，使家具富于层次美和艺术美。实木线条的形式多种多样，如图 3 - 17 所示。

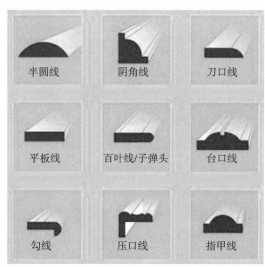

图 3 - 17　常用装饰木线示意图

2．薄木封边条

采用天然薄木或人造薄木制成的封边条，具有木材的装饰特性（颜色、纹理、质感、肌理等）和使用性能，封边后需油漆涂饰，适用于木质部件的直角直边的封边处理。如图 3 - 18 所示。

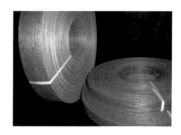

图 3-18　薄木封边条

薄木封边条一般以上好的天然桦木、橡木、枫木、榉木、樱桃木等木材，经机器加工切成的木质薄片封边条。木纹自然、柔软，不变形，黏贴时附着力强。其与家具板材黏结后吸附性好，尤其与木质板材黏结浑然一体。

常用规格：厚度为 0.1～0.3mm，宽度为 20～80mm（特殊宽度也可定制加工），长度一般为 2000mm。

由于该封边条很薄，加之不同木材的纤维密度不同，所以木质封边条也具有易折、易撕裂的缺陷，但经过背面胶质涂布处理可以弥补以上缺陷。

3.PVC 封边条

以聚丙烯或聚氯乙烯为原料，经机械压制成的木纹、透心、素色、双色系列的塑质封边条。具有耐热、耐油和强度、硬度、可弯曲度高的特点；其表面性能好，耐磨，可修削；表面效果亦佳，其花纹和色彩可以有接近原木的天然木色，也可有其他色彩图案；底面经过网纹处理或涂布处理的 PVC 封边条黏结效果也很好。

常用规格：厚度为 0.2～3mm，宽度为 19～50mm，长度为 1000mm 一卷。PVC 封边条厚度在 2mm 以上的有一定的应力，使用中必须加热软化或提高黏结剂的温度，否则会因应力粘贴不牢而自行脱落。如图 3-19 所示。

ABS 双色边

图 3-19　塑料 PVC 封边条

产品有以下主要特点：

（1）表面平滑、光泽度适中、厚度均匀、宽度一致、硬度合理、弹性高、耐磨性强。

（2）修边后封边侧面颜色与表面颜色接近，与产品整体颜色协调、不发白、光泽度好、家具成品。这是一种广泛使用的板式家具封边材料。适合于三聚氰胺饰面板材的封边处理，封边后不需油漆涂饰。适合于直角直边的曲线和直线封边。

（3）PVC封边条一般要进行底涂处理，其目的是提高其黏合强度，防止封边脱胶。

（4）寒冷的冬季，由于板块（冷状态）和封边条（热状态）的温差较大，易出现封边不牢、封边脱落等质量缺陷，有效的解决办法就是板块与热处理或者封边机周围封闭保温。

（5）按其颜色分，有单色、双色、木纹色之分。

4.PVC镶边型材

以PVC为原料制成的各种镶边条，常用的有T形、F形、U形、G形等。适合于直线、曲线镶边处理。如图3-20所示。

图3-20　PVC家具镶边条

5.铝合金镶边型材

铝合金材质的金属镶边条，适合于门板的镶边处理。主要有U形边、F形边、T形板等，在厨柜门板中应用广泛。如图3-21所示。

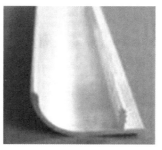

图3-21　铝合金家具镶边条

6.三聚氰胺浸渍纸封边条

俗称纸封边，其适用范围与PVC封边条基本相似。区别在于PVC封边条柔韧性好，表面柔和、手感舒适。有薄带、厚带之分。用于三聚氰胺饰面板封边可以达到颜色、纹理的高度相似，但达不到质感的相似。而三聚氰胺浸渍纸封边条柔韧性差，硬而脆。一般为薄型带，封三聚氰胺饰面板整体同一性好，可以达到纹理、颜色、质感的高度相似。也适合防火板饰面时部件的封边。

三聚氰胺浸渍纸封边条以优质有色原纸，印刷上各种木纹、花卉、皮革纹、大理石纹等艺术花纹（或纯素色的），然后用改性三聚氰胺脂浸渍固化后的纸质封边条。具有耐磨、防火、防油、防潮、抗酸碱的特点，且有柔韧性极好，黏结后附着力强，不易脱落的优点。其规格：厚度为 0.2～0.4mm，宽度为 25mm 左右，长度为 1000～2000mm。三聚氰胺封边条有极好的弯曲性能，受热后会更好，但是有易折断的缺陷。

三聚氰胺浸渍纸封边条采用手工、机械封边都行；对热熔胶、万能胶、白乳胶等胶合剂的要求也不高；采用平贴、辊贴均可。鉴于三聚氰胺封边条对热熔胶、万能胶的渗透性比 PVC 强，与板材粘贴时要减少胶量涂层，一般控制在 6～8g/直线米范围内。三聚氰胺浸渍纸封边易粘，遇冷热不易伸缩、不易变形，但由于它的特性较脆易折，在家具生产搬运中易撞坏。如图 3-22 所示。

图 3-22　三聚氰胺浸渍纸封边条

（三）家具封边材料的选择和使用

封边条的选择：

1. 选材质——封边条的类别

一般根据家具面材选择封边条的类别。家具面材为木材、薄木饰面时，封边材料应选择装饰木线、薄木封边条等适合油漆涂饰的木质材料；如果是生态版、三聚氰胺浸渍纸饰面板、耐火板、铝塑板等免漆材料时，宜选择 PVC 封边条、PVC 镶边条、三聚氰胺纸封边条、铝合金镶边条等。即需油漆涂饰的面板封边应选择可油漆涂饰的封边材料或镶边材料；免漆的面板宜选择免涂饰封边或镶边材料。

2. 选规格——封边条规格选择

主要选择封边条的厚度和宽度。

厚度的选择主要考虑板块的边形、使用条件等。厚质封边条封边保护性好，牢固度好，边部可以倒角装饰，缺点是封边痕迹明显，整体感略差。而薄型封边整体性好，缺点是边部不能倒角，装饰效果较差。一般薄边适合柜体板的封边，厚边适合门板的封边。铝合金边适合门板封边。G 形、T 形塑料边适合台面镶边，装饰木线适合木质油漆门板、台面的镶边。

宽度的选择应根据板块厚度决定，一般来说比厚度大 3mm 左右即可。如板块厚度 18mm，封边条宽度宜选 22mm。

3. 选花色——封边条颜色、纹理的选择

薄木封边条、实木镶边条的颜色、纹理的选择应与板面颜色及纹理接近，确保其涂饰后外观差异性

最小。常用的PVC封边条封边条有单色边、双色边及木纹色边，选择应遵循的原则是：

（1）优先选用同色或近似色相配的原则：这样选配封边条，同一性强，整体效果好。特别是木纹色封边条，尽可能满足同色同纹的效果。

（2）正确利用黑白灰万能配的原则：没有合适的同色封边，则应考虑黑白灰无彩色系，黑白灰能与任何一种颜色协调。

（3）合理使用突出边部配色效果的原则：有些设计需要突出门板边部的效果，可以考虑选择双色边、水晶边、银色边等。双色边线条突出，轮廓清晰；水晶边晶莹剔透、质地柔和；银边简洁现代、时尚新颖。

4．选质量——封边条质量

对于PVC封边条，质量的选择尤为重要，应把握如下要点：

（1）封边条色相及表面粗糙度：好的封边条应该色泽美观，纹理自然、表面平滑，无起泡、无拉纹或很少，光泽度适中。

（2）封边条的表面、底面平整且厚薄均匀一致。

（3）封边条折弯表面是否发白，封边条修边后底色是否与板面色接近。发白的封边条，碳酸钙含量过高，证明这类产品质量不佳。修边后底色与板面色差异较大时，其美观性较差。

（4）强度高、弹性好：高强意味着耐磨性好，相应的质量越好，强度太高也意味着加工难度增加。弹性不高就意味着耐磨性不高，抗老化能力低下。

（5）背胶是否上得均匀，在使用过程中是否容易脱落。

（6）PVC封边条有无味道，味道较大的封边条，使用的原料品质比较差。

五、任务实施

（一）任务准备

材料准备：按图3-23、图3-24所示的图纸准备25mm厚的台面板6块，18mm厚的门板3块，尺寸自定，并按图示编号。

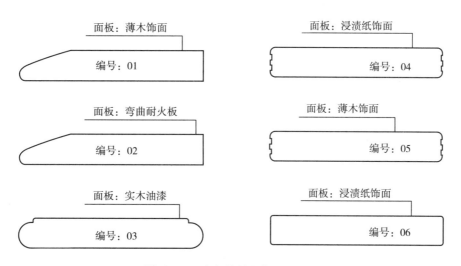

图3-23　准备的封边台面边形图

封边材料：实木线条、弯曲耐火板、PVC镶边条、PVC封边条、铝合金镶边条等，线条的截面形状与图示配套。

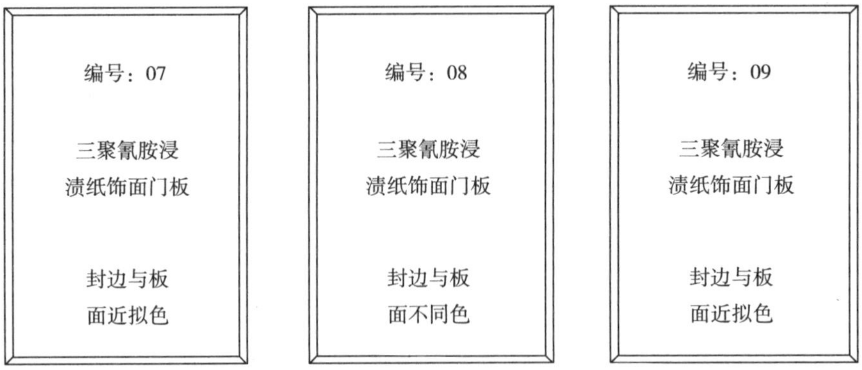

图 3-24　准备的门板封边边形图
（注意角部是 90°直角拼接还是 45°斜角拼接）

（二）任务实施：板式家具封边材料的选择和使用

（1）根据所设计的边形和表面材料，选择合适的封边材料，填写在表 3-9 中。

表 3-9　板块封边材料选配表

板块编号	板块面材/油漆否	封边方案		选材说明
01	薄木饰面/油漆	鸭嘴边：	直边：	分正面鸭嘴边、其他倒角直边
		鸭嘴边：	直边：	分正面鸭嘴边、其他倒角直边
02	弯曲耐火板/免漆	鸭嘴边：	直边：	分正面鸭嘴边、其他倒角直边
03	实木/油漆			四周边形一样
04	浸渍纸饰面/免漆			四周边形一样
05	薄木饰面/油漆			四周边形一样
06	浸渍纸饰面/免漆			四周边形一样
07	浸渍纸饰面/免漆			封边材料斜角拼接
08	浸渍纸饰面/免漆			封边材料斜角拼接
09	浸渍纸饰面/免漆			封边材料直接拼接
总结封边材料的选择：				

填表人：　　　　　　　　　　　　　　　　　　　　　　　　　时间：

（2）封边样品制作：从提供的 9 个板块中选择其中的任一板块，选择合适的封边材料，完成其封边工艺。

（三）成果提交

（1）表 3-9 所示封边材料的选配。

（2）封边样品制作。

（3）成果认定：提交成果按百分制评定成绩，分为准确性、完整性、综合素质三个方面评价。

正确性：占总分的 50%，考核学生完成任务的正确程度。

完整性：占总分的 40%，考核学生完成任务的圆满程度，是否完成所有任务。

综合素质：占总分的 10%，考核学生文明施工、爱护环境等综合素质。

六、知识拓展

根据板块侧边的形状选择合适的封边方法与材料。

1. 直线直边或曲线直边（图 3-25）

当面材为薄木、木纹印刷纸等需要油漆的面材饰面时，由于边部没有造型，这可直接选用薄木、木纹印刷纸封边。

当面材为浸渍纸、耐火板等免漆材料时，宜选择 PVC 封边条、浸渍纸封边条封边。

2. 直线圆角边（图 3-26）

当面材为薄木、木纹印刷纸等需要油漆的面材饰面时，由于边部有简单圆滑的形状，这可直接选用薄木、木纹印刷纸封边，也可以选择木线条镶边。

当面材为浸渍纸、耐火板等免漆材料时，宜 PVC 镶边型材或实木线条镶边后油漆涂饰。

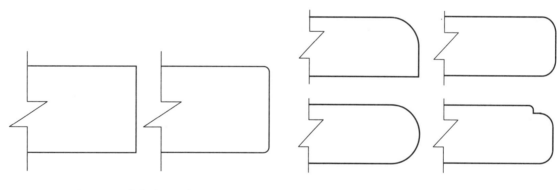

图 3-25　直角直边示意图　　　　　　　　　　图 3-26　直线圆角边示意图

3. 直线鸭嘴边（图 3-27）

当面材为薄木、木纹印刷纸等需要油漆的面材饰面时，由于边部有简单圆滑的形状，这可直接选用薄木、木纹印刷纸封边，也可以选择木线条镶边。

当面材为耐火板等免漆材料时，宜选用弯曲耐火板包边处理。

七、巩固练习

1. 概念解释

（1）封边

（2）包边

（3）折边

（4）镶边

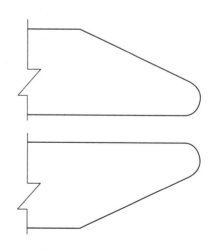

图 3-27　直线鸭嘴边示意图

2．简答题

（1）家具边部处理的意义？

（2）直线鸭嘴边的封边处理形式有哪几种情况？

（3）简述装饰木线的作用？

3．分析论述题

分析曲线鸭嘴边的边部处理形式。

模块四 家具五金材料

项目一 家具五金材料的种类

任务一 一组移门衣柜五金件的选择和数量统计

一、任务描述

板式家具＝板块＋五金，没有五金件，板式家具就无法实现快速组装和拆卸，所以五金件是板式家具的核心。通过该任务的实施，使学生掌握常用板式家具五金件的种类、特点及应用，为正确选择和使用家具五金奠定扎实的基础。

二、学习目标

知识目标：

（1）掌握家具五金件的种类、特点。

（2）具有分析、选择和使用家具五金件的专业知识。

（3）具有检验五金件质量的专业知识。

能力目标：

（1）能够选择和使用家具五金件。

（2）能够正确分析家具五金件的特点及使用要点。

三、任务分析

课时安排：4 学时。

知识准备：五金件的种类、特点及使用。

任务重点：五金件的选择和使用。

任务难点：五金件的使用技术要点。

任务目标：能准确完成家具五金件的分类与数量统计，正确选择和使用家具五金件。

任务考核：分五金件的选择及特点描述、五金件数量统计两个方面考核，总分60分以上考核合格。

四、知识要点

（一）家具门板五金

1. 铰链与合页

连接门板与旁板（侧板）的专用五金连接件，具有开启和闭合功能。其种类与结构较多，常用的品种有：

（1）隐藏式铰链

最常用的杯状铰链，有铰链座、铰链臂、铰链杯组成。其中铰链座安装并固定在旁板上，铰链杯安装并固定在门板上，铰链座孔间距32mm，铰杯直径35mm，深度11.3mm。铰链通过螺丝可以实现门板的上下、左右及前后的调节。尺寸与调节如图4-1所示。

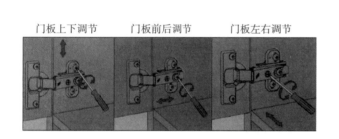
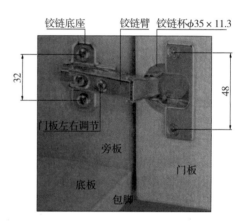

图4-1　隐藏铰链的组成、安装与调节

① 按遮掩旁板的程度分：全盖铰链、半盖铰链、内藏或内嵌铰链。如图4-2所示。

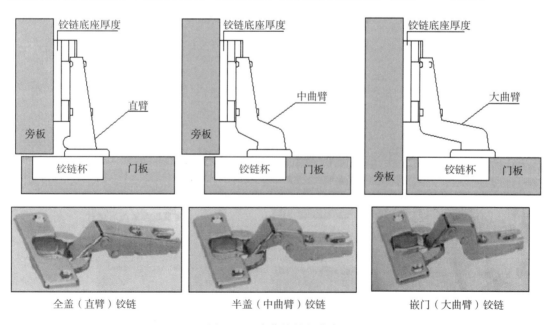

全盖（直臂）铰链　　半盖（中曲臂）铰链　　嵌门（大曲臂）铰链

图4-2　隐藏铰链的分类

② 按照铰链壁的曲度分：直臂铰链、中弯铰链、大弯铰链。与全盖、半盖、内藏的关系见图 4 - 2 所示。

③ 按照侧板与门板所成夹角（柜体角度）分：包括柜角从 40 度到 160 度的各种安装角度的铰链，德国 Hettich 设计了 107 种不同铰链的配置，可以满足不同角度柜门的安装。常用 45°铰链、60°铰链、90°铰链、120°铰链、135°铰链等。如图 4 - 3 所示。

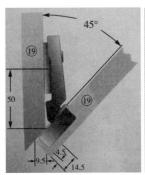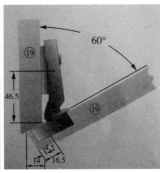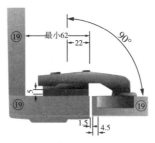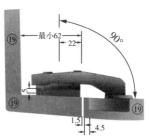

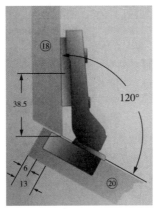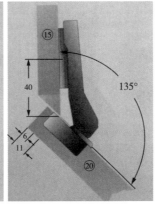

图 4 - 3　按柜角分类的铰链

④ 按照铰链开启的角度分：铰链的开启角度是指门板从闭合位置开启至全开状态，所转动的最大角度，如图 4 - 4 所示，图示铰链开启角度为 120°。根据铰链开启的角度不同，可以分为：95°铰链、110°铰链、125°铰链、165°铰链等，如图 4 - 5 所示。

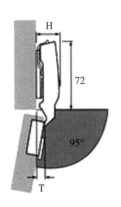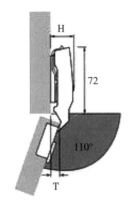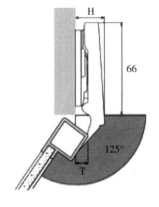

图 4 - 4　铰链的开启角度

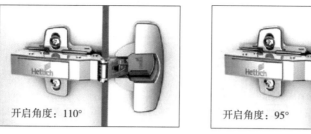

开启角度：110°

开启角度：95°

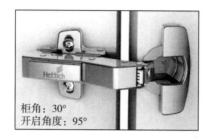

柜角：30°
开启角度：95°

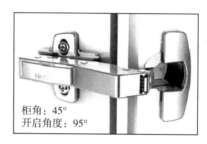

柜角：45°
开启角度：95°

90度角柜门
开启角度：95°

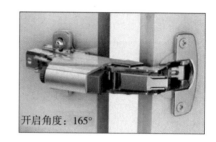

开启角度：165°

角度折叠门铰链
开启角度：50° / 65°

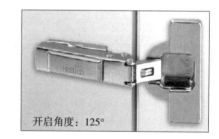

开启角度：125°

图 4 - 5　按柜角与铰链的开启角度分类

⑤ 按照铰杯的安装工艺分：拧入式、压入式、快装型。如图 4 - 6 所示，对应的铰链如图4 - 7所示。

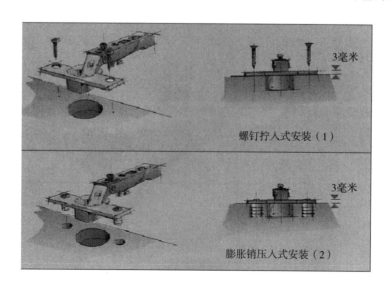

螺钉拧入式安装（1）

膨胀销压入式安装（2）

3毫米

3毫米

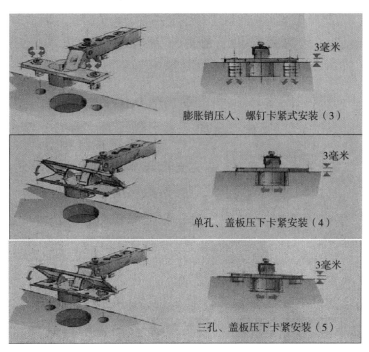

图 4-6　铰链杯的安装形式

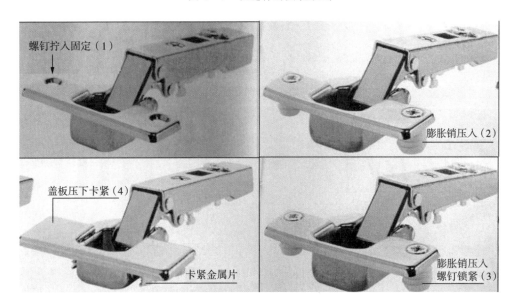

图 4-7　铰链杯的形式

⑥ 按照门板的形式分：木门铰链、铝框门铰链、玻璃门铰链。（图 4-8）

玻璃门铰链　　　　铝框门铰链　　　　木门铰链

图 4-8　不同形式的门板铰链

⑦ 按照铰链的阻尼情况分：阻尼是高档门板安装所必需的附加装置，它能使门板在闭合末端自动静音闭合。按照阻尼的安装方式可分为：卡入式、拧入式、埋入式、内置式。如图 4-9 所示。

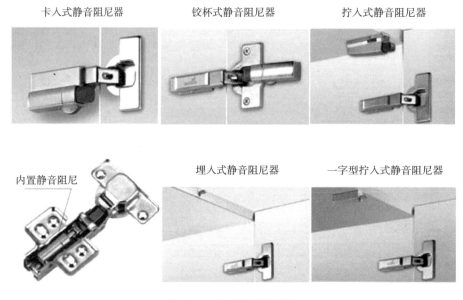

图 4-9　铰链阻尼的形式

（2）隐藏铰链的选用

隐藏式铰链种类、品牌很多，选用时应从如下几个方面考虑：

① 根据门板材料类型：木门、铝框门、玻璃门，选择铰链类型。门板的厚度应符合铰链的安装要求，木门、木框门、铝框门的门板厚度应控制在 20mm 左右。

② 根据柜角选择合适的铰链类型。30°、45°、60°、90°、120°、135°等特殊柜角应使用专用的铰链。

③ 根据铰链遮盖旁板的量选择全盖（直臂）、半盖（中曲）还是内嵌（大曲）。

④ 根据家具的质量档次、铰链的安装方式选择合适的铰链。铰链按照安装方式分为普通插装铰链、快装铰链、顶级快装铰链等。一般高品质的家具配备高端铰链，同时考虑铰链是否需要配置阻尼等。

⑤ 品牌铰链分为很多系列，每个系列包含有各种类型的铰链。所以品牌铰链选用时首先考虑系列，再选择合适的铰链种类。如 Hettich 隐藏铰链分为：Sensys 系列、Intermat 系列、带推弹开启装置的 Intermat 系列、SlideOn 系列、Perfekt 系列、Selekta Pro2000 系列、Selekta4 系列等。如表 4-1 所示。表 4-2 所示是 Hettich 特殊用途的铰链。

（3）合页

合页又名合叶，是铰链的另一种形式，通常为对折式，是连接物体两个部分并能使之活动的部件。主要用于家具门板的连接。如图 4-10 所示。常用合页的种类有：普通合页、抽芯合页、隐藏合页、玻璃合页、母子合页等。

① 普通合页：材质有钢质、铜质、不锈钢材质三种。大规格的合页一般有轴承，通常为铜和不锈钢制作。小规格合页没有轴承。如图 4-11 所示。合页的规格一般按英寸计：

没有轴承的合页：

1 英寸：25×18×0.8　　　　　　1.5 英寸：38×30×0.8

2 英寸：50×37×1.0　　　　　　2.5 英寸：63×42×1.1

3 英寸：75×50×1.2　　　　　　3.5 英寸：88×57×1.3

表 4-1　Hettich 铰链系列与选用

	Sensys	Intermat	Intermat推弹开启装置	SlideOn	Perfekt	Selekta Pro 2000	Selekta 4
选用说明	木门、铝框门快装高级铰链	木门、铝框门高档快装铰链	带推弹装置、木门、铝框门快装铰链	木门、铝框门普通铰链	45°、90°柜角特殊铰链	铰链轴外露、开启角度大特殊铰链	铰链轴外露、开启角度大特殊铰链
铰杯安装	◆拧入式 ◆压入式 ◆极速快装 ◆免工具固定快装	◆拧入式 ◆压入式 ◆极速快装 ◆免工具固定快装	◆拧入式 ◆免工具固定快装	◆拧入式 ◆压入式	◆拧入式	◆拧入式 ◆压入式	◆拧入式 ◆压入式
铰链安装	快装	快装	快装	推入式安装	推入式安装	快装	推入式安装
阻尼	集成式	可选配		可选配		可选配	
开启角度	95°~110°，升级后可达165°	95°~180°	95°~165°	95°	95°	115°~270°	180°
门调整	三维	三维	三维	三维	三维	三维	三维
可选配件	◆配件	◆开启系统 推弹开启装置 ◆静音阻尼系统 ◆配件	◆开启系统 推弹开启装置 ◆配件	◆开启系统 推弹开启装置 ◆静音阻尼系统 ◆配件	◆开启系统 推弹开启装置	◆静音阻尼系统 ◆配件	◆配件

表 4 - 2　Hettich 特殊用途的铰链与选用

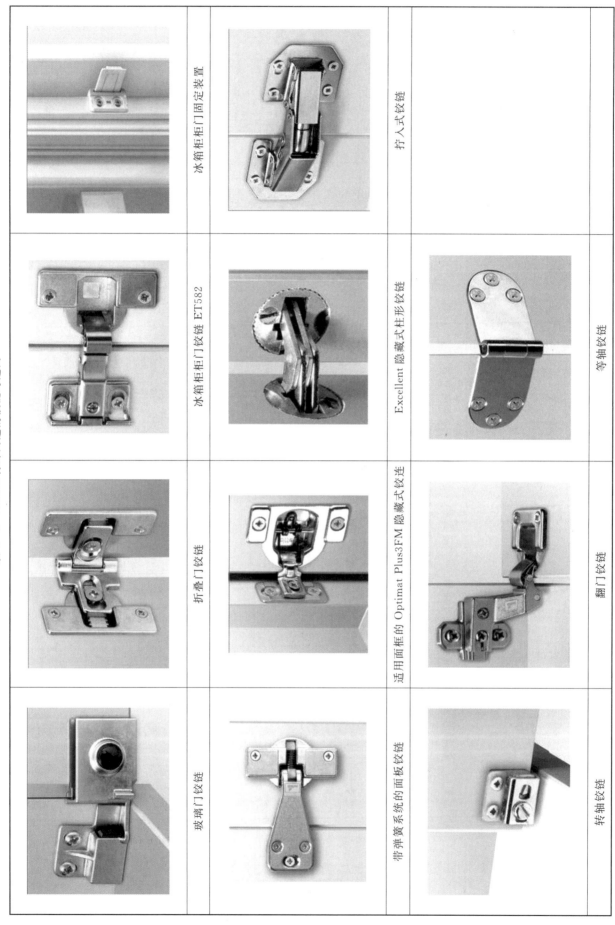

冰箱柜柜门固定装置	拧入式铰链	
冰箱柜柜门铰链 ET582	Excellent 隐藏式柱形铰链	等轴铰链
折叠门铰链	适用面框的 Optimat Plus3FM 隐藏式铰连	翻门铰链
玻璃门铰链	带弹簧系统的面板铰链	转轴铰链

图 4 - 10　常用的对折式合页（普通合页）

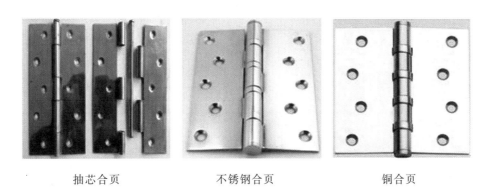

抽芯合页　　　　　不锈钢合页　　　　　铜合页

图 4 - 11　抽芯合页和普通合页

有轴承的合页主要有铜质、不锈钢材质，其常用规格如下：

铜质常用合页规格：

5×3.5—Φ12×3.0 厚—4BB 长：127mm 宽：88mm

5×3.0—Φ11×2.5 厚—4BB 长：127mm 宽：73mm

5×3.0—Φ12×3.0 厚—4BB 长：127mm 宽：76.2mm

4×4.0—Φ12×3.0 厚—4BB 长：100mm 宽：101.6mm

4×3.0—Φ11.5×2.8 厚—4BB 长：100mm 宽：76mm

4×3.0—Φ11×2.5 厚—4BB 长：100mm 宽：73mm

4×3.0—Φ11×2.3 厚—2BB 长：100mm 宽：73mm

4×3.0—Φ11×2.0 厚—2BB 长：100mm 宽：73mm

4×3.0—Φ10×2.0 厚—2BB 长：98mm 宽：70mm

4×3.0—Φ8.0×1.8 厚—2BB 长：95mm 宽：68mm

4×3.0—Φ8×1.6 厚—2BB 长：95mm 宽：72mm

注释：

5×3.5—Φ12×3.0 厚—4BB 长：127mm 宽：88mm 的意思是：

5×3.5—英寸规格长×宽（1 英寸=25.4mm）

Φ12×3.0—轴径 12mm，合页厚度 3mm　—4BB—4 轴

长：127mm 宽：88mm—英制转换为公制的合页尺寸：5 英寸=127 毫米，3.5 英寸=88 毫米。

不锈钢材质常用合页规格：

8×3.5—Φ14×2.5 厚—4BB 长：203mm 宽：89mm

5×3.5—Φ14×3.0 厚—4BB 长：127mm 宽：89mm

5×3.0—Φ12×2.5 厚—4BB 长：127mm 宽：76mm

4×3.0—Φ14×3.0 厚—4BB 长：101.6mm 宽：76mm

4×3.0—Φ12×2.5 厚—4BB 长：101.6mm 宽：76mm

4×3.0—Φ11×2.0 厚—2BB 长：101.6mm 宽：76mm

② 抽芯合页：如图 4-11 所示，结构与普通合页相同，不同之处在于其销子可以抽出来，使合页的两部分分开，主要用于需要拆卸的门窗上。抽芯合页的规格如表 4-3 所示。

表 4-3 抽芯合页规格表　单位：mm

规格	25	40	50	65	75	90	100	125	150
L	25.5	37	51	63.5	76	89	101.5	127	152.5
B	25	32	40	42	50	55	72	83	101
δ	1.1	1.2	1.35	1.4	1.6	1.6	1.8	2.1	2.4
螺钉直径×长度	3×12	3×16	3.5×18	3.5×25	4×30	4×30	4×35	5×40	6×50
沉头暴钉数目			4			6			8

③ 玻璃合页：用于玻璃门安装的专用合页，如图 4-12 所示。

图 4-12 玻璃门合页

④ 隐藏合页：是指隐藏安装在门内部的合页。如图 4-13、图 4-14 所示。

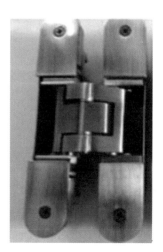

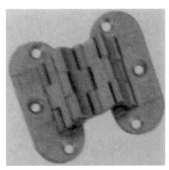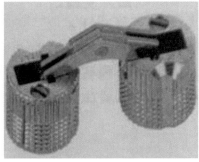

图 4-13　隐藏合页

图 4-14　隐藏合页的安装

⑤ 母子合页：两片合页对折后，其中的一半正好嵌在另一半中。母子合页的优点是合页对折闭合后只有一片的厚度，安装时不用开嵌埋槽。如图 4-15 所示。

图 4-15　母子合页

2. 翻门五金

家具上沿着水平轴线启闭的门，一般称为翻门。按照翻门的方向，分为上翻门、下翻门。一般吊柜宜设计为上翻门，开启时门板不会碰头，使用较为方便。在家具设计中，上翻门使用广泛，翻门的形式如图 4-16 所示。

上翻门五金配件系统也因厂家、品牌的不同而有所差异。这里主要以 Hettich 为例，介绍常用的翻门五金配件。

家具材料

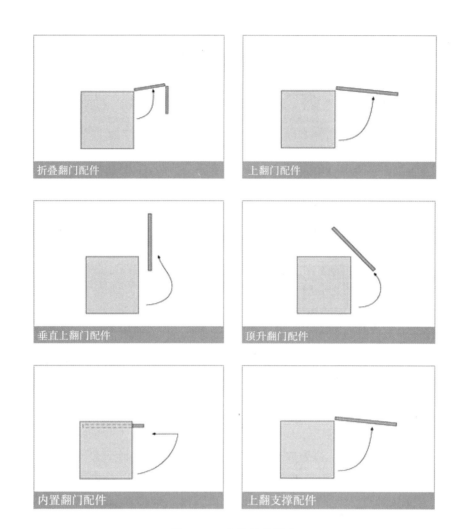

图 4-16　上翻门的形式

（1）铰链＋支撑的安装形式，支撑可选机械支撑、气压支撑或液压支撑。

常用的支撑形式多种多样，选择时应考虑支撑的承载能力。常用支撑的形式及性能如表 4-4 所示：

表 4-4　常用支撑形式及性能表（以 Hettich KLS 系列为例）

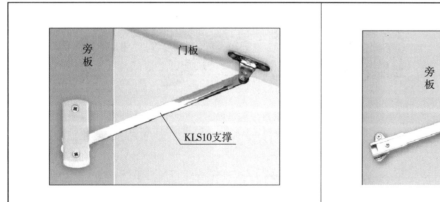	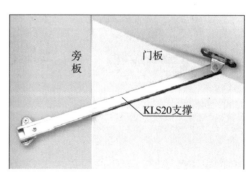
KLS10 支撑：门板最大重量 6kg，门板最大高度 500mm，宽度 600mm，右侧使用	KLS20 支撑：门板打开位置时，门板锁止，通过轻抬门板解锁，左右侧使用

（续表）

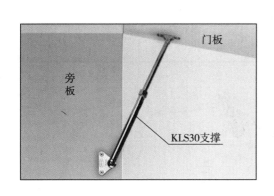	
KLS30 支撑：门板最大重量 4kg，门板最大高度 500mm，宽度 600mm，左右均可使用	KLS40 支撑：门板最大重量 6kg
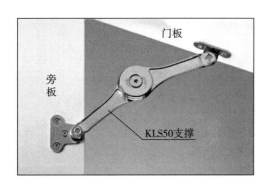	
KLS50 支撑：门板最大重量 8.9kg，最大高度 700mm，左右均可使用	

（2）弹簧翻板配件：弹簧翻板上翻门，不需要安装铰链。以 Hettich 为例，见表 4-5 所示。

表 4-5　弹簧翻板

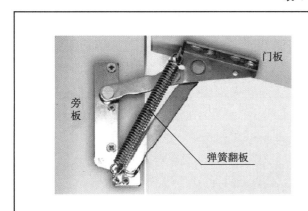	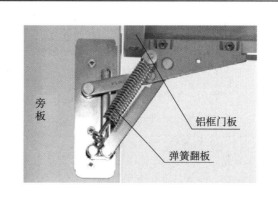
适合木门，门板宽度 300～1000mm，高度 200～500mm	适合铝框玻璃门，门板宽度 300～1000mm，高度 200～500mm

（3）垂直上翻门配件：高档的上翻门配件，一般配置气压或液压支撑杆，具有静音和阻尼系统。门板开启后，垂直上翻，取放物件非常方便。以 Hettich 为例，常用的垂直上翻门系统见表 4-6 所示。

表 4-6　Hettich 垂直上翻门系统

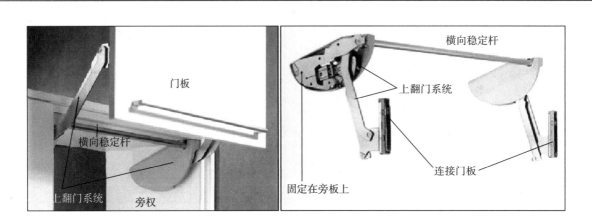

Ewiva 垂直上翻门系统：

◆ 适用于木质门、木框门或 19～22mm 的铝框门

◆ 可调节开关力度

◆ 集成静音与阻尼系统

◆ 门板重量：2.5～8.0kg

◆ 门板三维调节：高度：±3mm，侧面：±1.5mm，倾角：＋1°/−0.2°

◆ 柜体宽度：600、900、1200、1500（mm），通过横向连接杆调节宽度

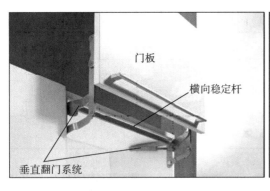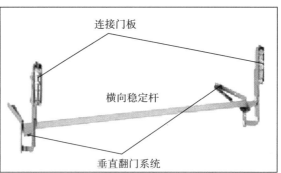

HLB 垂直上翻门系统（三维可调、较重型）：

◆ 适用于木质门、木框门

◆ 宽度可以通过裁切横向稳定杆调节

◆ 双侧配有气压支撑杆

◆ 门板重量：5～8.5kg。柜体宽度不同，配件支撑的门板重量分别为：

柜体内宽 450～870mm，门板重 5kg

柜体内宽 450～1170mm，门板重 7kg

柜体内宽 450～1470mm，门板重 8.5kg

◆ 门板三维调节：高度：±3mm，侧面：±1.5mm，倾角：−0.5°/＋1°

（续表）

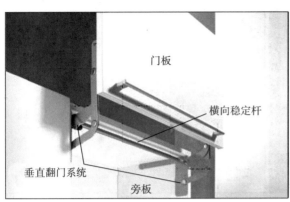
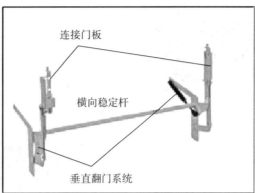

HLB垂直上翻门系统（二维可调、较轻型）：

◆ 适用于木质门、木框门

◆ 宽度可以通过裁切横向稳定杆调节

◆ 配有1个或2个气压支撑杆

◆ 门板重量：3.5～5.0kg，柜体宽度不同，配件支撑的门板重量分别为：

柜体内宽567、563、561mm，门板重3.5kg

柜体内宽420～850mm，门板重4kg

柜体内宽560～870mm，门板重5kg

◆ 门板二维调节：高度：±3mm，侧面：±1.5mm

（4）重型上翻门系统：以Hettich的Lift Advanced系列为例，见表4-7所示。

表4-7 Hettich Lift Advanced系列上翻门系统

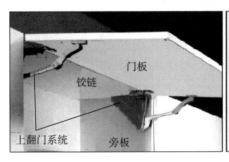
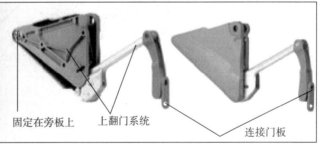

Hettich Lift Advanced HK上翻门系统：

◆ 适用于木质门、木框门或19mm宽的铝框门

◆ 可调节开启力度

◆ 集成静音阻尼系统、减震系统

◆ 门板重量：2.0～17.9kg

◆ 适合于柜内高度276～720mm的柜体

◆ 建议使用开启角度不少于95°的快装铰链

◆ 门板三维调节通过铰链的调节完成

（续表）

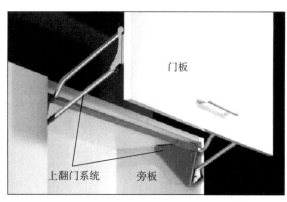 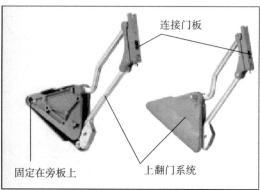

Hettich Lift Advanced HL 垂直上翻门系统：

◆ 适用于木质门、木框门或 19mm 宽的铝框门

◆ 可调节开启力度

◆ 集成静音阻尼系统、阻尼闭合

◆ 门板重量：1.7～17.6kg

◆ 适合于柜内高度 276～472 的柜体，柜体高度不同，选配的型号不同

◆ 门板三维调节：高度：±2mm，左右：±2mm，倾角/深度：±2mm

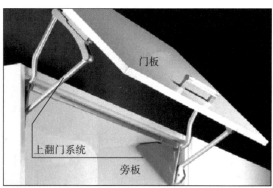 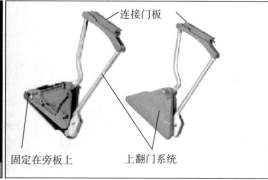

Hettich Lift Advanced HS 顶升翻门系统：

◆ 适用于木质门、木框门或 19mm 宽的铝框门

◆ 可调节开启力度

◆ 集成静音阻尼系统、减震系统

◆ 门板重量：2.5～15.3kg

◆ 柜内高度 372～688mm

◆ 门板三维调节：高度：±2mm，左右：±2mm，倾角/深度：±2mm

　　（5）折叠上翻门系统：如图 4 - 17 所示，两块门折叠上翻，适合于高度较高的柜门。Hettich 折叠上翻门系统见表 4 - 8 所示。

　　（6）内置上翻门系统：Hettich 内置上翻门系统见表 4 - 9 所示。

图 4-17　折叠上翻门开启效果图

表 4-8　Hettich 折叠上翻门系统

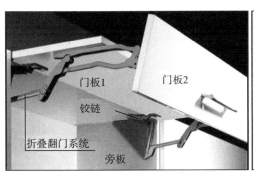 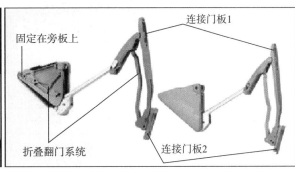

Hettich Lift Advanced HF 折叠翻门系统：

◆ 适用于木质门、木框门或 19mm 宽的铝框门

◆ 集成静音阻尼系统、减震系统

◆ 柜内高度超过 490mm，可以使用两块不等高度的门板

◆ 门板三维调节：高度：±2mm，左右：±2mm，倾角/深度：±2mm

◆ 可调节开启力度

◆ 门板重量：3.8～15.4kg

◆ 建议使用开启角度不少于 110° 的快装铰链

表 4-8　Hettich 内置上翻门系统

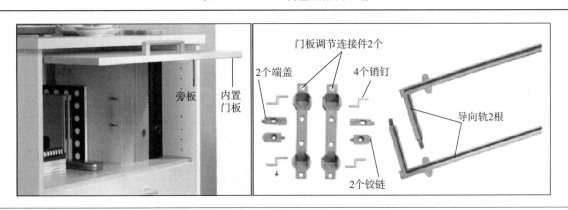

Hettich Lift UP 内置上翻门系统：

◆ 适用于木质门、木框门

◆ 内嵌式门板，安装简单，打开时几乎不外露

◆ 门高度调节 ±1.25mm

◆ 门板重量最大 8.0kg

◆ 门板尺寸：高度 145～400mm，宽度最大 1200mm

3. 折叠门五金

折叠门占据较小的开启空间，取放物品方便，在家具设计中应用广泛。一套折叠门五金系统，一般包括滑动系统、导向系统、折叠系统组成。主要部件有滑轨、导向轨、滑动部件、导向部件、折叠门铰链等。

（1）Hettich 折叠门系统分类

Hettich 折叠门五金系统完善，应用广泛。Hettich 折叠门系统分为 8 个系列，见表 4 – 10 所示。

表 4 – 10 Hettich 折叠门系统

	WingLine 220 	WingLine 230 	WingLine 770 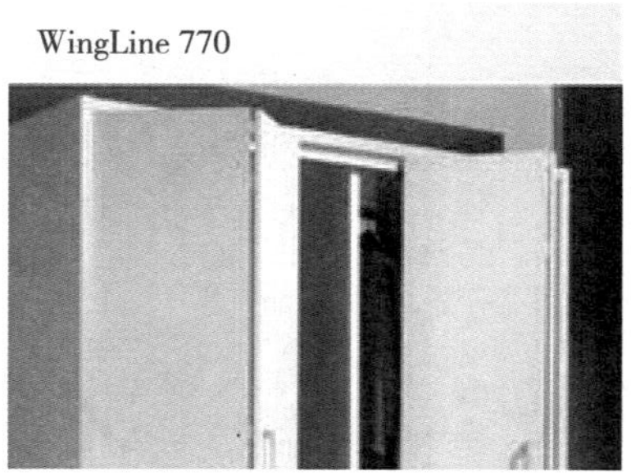	WingLine 770 
说明	侧面固定的折叠门系统、带顶部/底部导向轨道、带隐藏式安装配件/导向部件	侧面固定的折叠门系统、带顶部导向轨道，用于大尺寸门板	侧面固定的折叠门系统、带顶部/底部导向轨道，用于重型门板	侧面固定的折叠门系统、带顶部/底部导向轨道
门翼数量	2	2	2	2
门/门翼重量	最大 25kg	20～25kg	最大 25kg	最大 20kg
侧面固定	是	是	是	是
门/门框材质	木质	木质	木质	木质
门高 (mm)	最大 2400	最大 3000	最大 2400	最大 2200

（续表）

说明	侧面固定的折叠门系统、带顶部/底部导向轨道（可选），用于小尺寸门板	侧面固定的折叠门系统、带顶部/底部导向轨道（可选）	侧面固定的折叠门系统、带顶部导杆	折叠门系统侧面不需固定、带顶部/底部导向轨道，用于自由移动的折叠门
	WingLine 780	WingLine 26	WingLine 170	WingLine 77
门翼数量	2	2	2	2 或 4
门/门翼重量	最大 10kg	视铰链而定	视铰链而定	最大 20（25）kg，4（2）门翼
侧面固定	是	是	是	否
门/门框材质	木质	木质	木质/木质、木质/铝框	木质
门高（mm）	最大 2200	最小 1800（最大 2200，带底部导向部件）	最大 2200	最大 2400

(2) Hettich 折叠门系统五金组成

折叠门五金主要包括：滑轨、导向轨、滑动部件、导向部件、折叠门部件、门板侧面固定铰链等部分组成。以 WingLine220 为例，介绍其构成。

① 配件组成与作用：见表 4－11 所示。

表 4－11

<table>
<tr><th>配 件</th><th>材质与规格</th><th>作用及安装位置</th></tr>
<tr><td>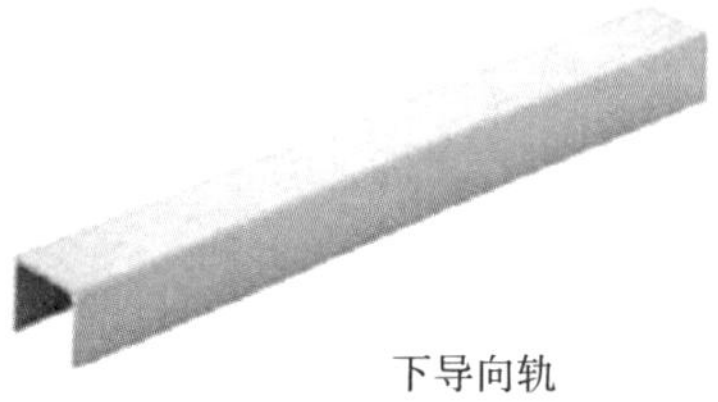
下导向轨</td><td>铝合金
长度 2000mm</td><td>安装在柜体底板下方，起导向和稳定门板的作用，避免门板前后移动（深度方向）</td></tr>
<tr><td>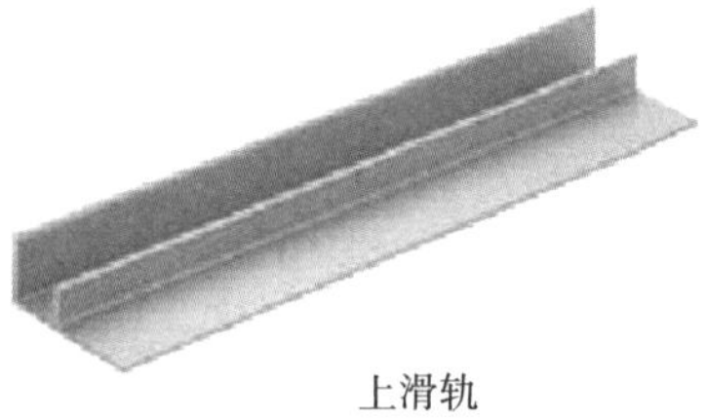
上滑轨</td><td>铝合金
长度 2000mm</td><td>安装在柜体顶板上方，起滑动导向作用</td></tr>
<tr><td>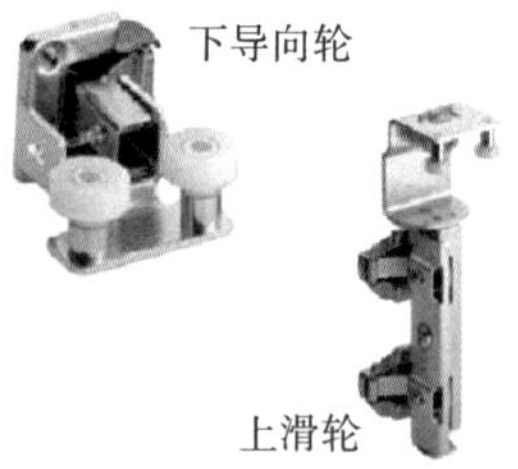
下导向轮
上滑轮</td><td rowspan="3">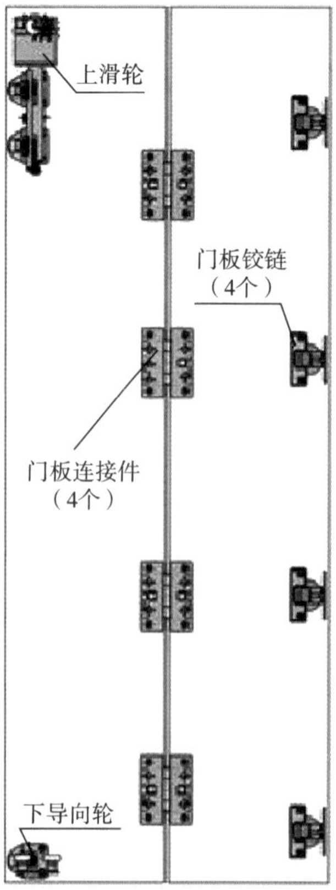
上滑轮
门板铰链
（4个）
门板连接件
（4个）
下导向轮</td><td>上滑轮：沿滑轨滑动、承载门板重量
下滑轮：沿下导向轨滑动，起导向作用</td></tr>
<tr><td>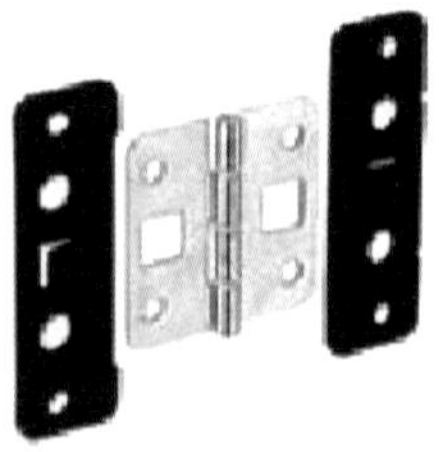
折门连接件</td><td>连接两块折叠门</td></tr>
<tr><td>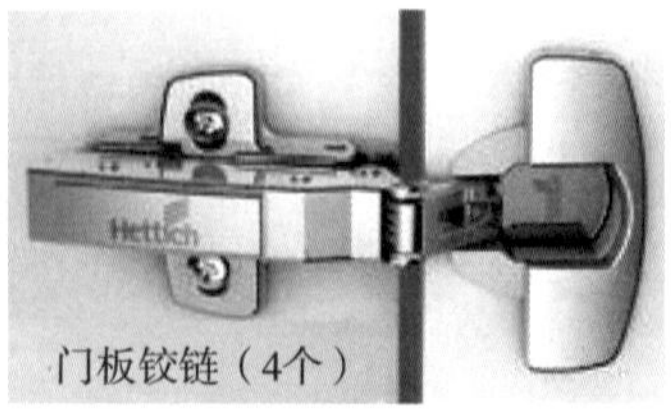
Hettich
门板铰链（4个）</td><td>连接折叠门与旁板，起侧面固定作用</td></tr>
</table>

② WingLine220 折叠门安装

第一步：安装滑动（上滑轨）和导向轨道（下导向轨），预装门板配件。（图 4 - 18）

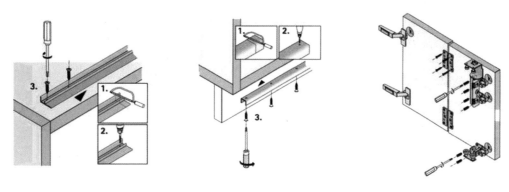

图 4 - 18　安装滑动和导向轨道，预装门板配件

第二步：安装门套件。（图 4 - 19）

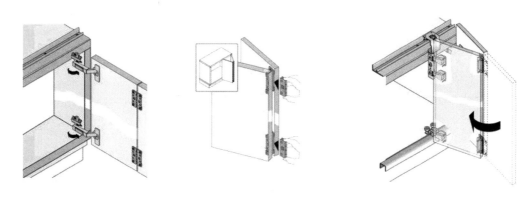

图 4 - 19　安装门套件

第三步：安装门翼（图 4 - 20）

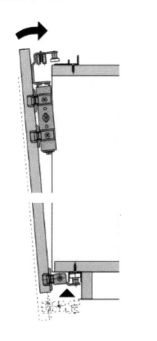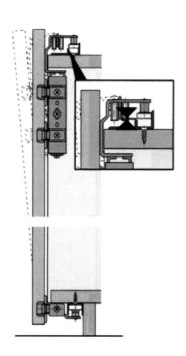

图 4 - 20　安装门翼

第四步：门板高度调整。（图 4-21）

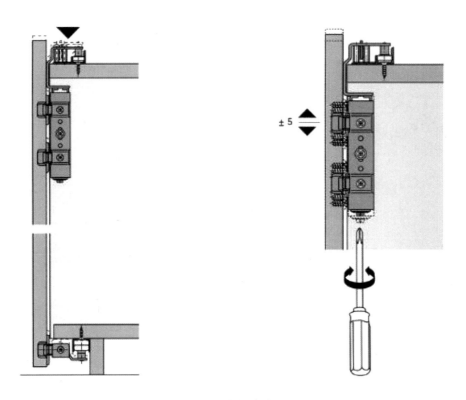

图 4-21　门板高度调整

4. 移门五金

（1）Hettich 滑门系统的分类

移门也称滑门，滑动门，门板开启时不需占用外部空间，开启空间大，使用起来非常方便，是近年来流行的柜门形式。

滑门一般由滑轨（轨道）、滑动部件、导向部件、门翼等几部分组成。滑轨和滑动部件是滑门的核心部件，滑轨安装在顶部，称为上滑门或吊滑门，滑轨安装在底部，俗称地滑门。导向轨和导向部件确保门板滑动的平稳顺畅。

品牌和厂家不同，设计的滑门五金也有所差别。这里主要介绍德国 Hettich 专业设计生产的滑门五金系统。

Hettich 滑门分为顶部滑动的滑门系统、底部滑动的滑门系统、水平/垂直滑动的移门系统等。详见表 4-12、表 4-13、表 4-14 所示。

（2）Hettich TopLineXL 顶部滑动移门系统组成

Hettich TopLineXL 顶部滑动移门系统组成，见表 4-15 所示。

（3）Hettich TopLineXL 顶部滑动移门系统结构

门板滑动、导向系统结构图，如图 4-22 所示。

（二）抽屉五金

1. 滚轮滑轨系统

俗称托底抽轨，滑轨安装在斗旁底部，抽屉承载性能好。Hettich FR 滚轮滑轨分 5 个系列，分为部分拉出和超全拉出两种。部分拉出滑轨按照承重分为 20kg、25kg、30kg 和 100kg，见表 4-16 所示。

表 4 - 12　顶部滑动的滑门系统

	TopLine XL	TopLine L	TopLine M	TopLine 1
说明	顶部滑动的移门系统，用于两门或三门的高柜	顶部滑动的移门系统，用于两门或三门的高柜	顶部滑动的移门系统，用于两门或三门的柜体	顶部滑动的移门系统，用于单门、两门或三门的柜体
轨道数量	2	2	2	1/2
门行进方向	水平	水平	水平	水平
设计	覆盖门	覆盖门	覆盖门	内嵌门
门重	最大 80kg	最大 50kg	最大 35kg	最大 75kg
门/门框材质	木质/木质、铝质	木质/木质，铝质	木质	木质
门高（mm）	最大 2600	最大 2600	最大 2300	最大 2500
门宽（mm）	最小 700/最大 2000	最小 700/最大 1500	650～1250	最小 500/最大 1500
门厚（mm）	16、18、19、22、25、28、40、50	16、18、19、22、25、28、40	16～19	16～19
轨道材质	铝	铝	铝	铝
静音阻尼系统	关闭阻尼/两扇门时，可选开启阻尼，且门重叠时带阻尼	可选		

（续表）

	TopLine 25/27	SysLine S	TopLine 110静音阻尼系统	TopLine 110
说明	顶部滑动的移门系统，用于单门、两门或三门的柜体	顶部滑动的移门系统，用于两门柜体	顶部滑动的移门系统，用于两门柜体	顶部滑动的移门系统，用于两门柜体
轨道数量	1/2	2	2	2
门行进方向	水平	水平	水平	水平
设计	内嵌门	内嵌门	内嵌门	内嵌门
门重	最大25kg	最大15kg	最大10kg	最大20kg
门/门框材质	木质	木质/木质，铝质	木质/木质，铝质	木质/木质，铝质
门高（mm）	最大2000	375~1500	400~1600	最大2000
门宽（mm）	最小500/最大900	400~800	500~800	最小500
门厚（mm）	16、18、19、22、25、28、40、50	16、18、19、22、25、28、40	18、19、25	16~19
轨道材质	铝	铝	铝	铝
静音阻尼系统	可选	阻尼装置/选配阻尼开启装置	关闭阻尼/两扇门时，可选开启阻尼，且门重叠时带阻尼	可选

（续表）

	TopLine 112	TopLine 1200	TopLine 1210	TopLine 1230
说明	顶部滑动的移门系统，用于两门柜体	顶部滑动的移门系统，用于房间隔断	顶部滑动的移门系统，用于房间隔断	顶部滑动的移门系统，用于房间隔断
轨道数量	2	1	1	1
门行进方向	水平	水平	水平	水平
设计	内嵌门	内嵌门	内嵌门	内嵌门
门重	最大 10kg	最大 45kg	最大 80kg	最大 125kg
门/门框材质	木质/木质、铝质	木质	木质	木质
门高（mm）	最大 1000			
门宽（mm）	最小 400			
门厚（mm）	16～19	最小 19	最小 25.4	最小 25.4
轨道材质	铝	铝	铝	铝
静音阻尼系统	可选			

表 4 - 13　底部滑动的滑门系统

	SlideLine 55 Plus	SlideLine 55	SlideLine 56	SlideLine 66
说明	底部滑动的移门系统，配备双轨和静音阻尼系统	底部滑动的移门系统，配备双轨	底部滑动的移门系统，配备双轨	底部滑动的移门系统，配备双轨
轨道数量	2	2	2	1
门行进方向	水平	水平	水平	水平
设计	内嵌门/覆盖门	内嵌门	内嵌门	覆盖门
门重	◆最大15kg，配塑料轨道 ◆最大30kg，配铝质轨道	◆最大15kg，配塑料轨道 ◆最大30kg，配铝质轨道	◆最大40kg	◆最大10kg
门/门框材质	木质	木质	木质	木质/铝质玻璃

表 4 - 14　水平/垂直滑动的移门系统

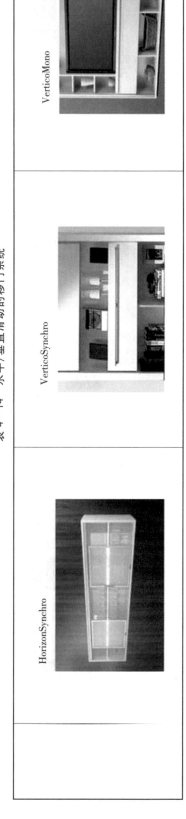

HorizonSynchro　　VerticoSynchro　　VerticoMono

（续表）

说明	水平滑动的同步移门系统——两扇门同时开启	垂直滑动的同步移门系统——两扇门同时开启	单门垂直滑动的移门系统
轨道数量	1	1	1
门行进方向	水平	垂直	垂直
设计	内嵌门	内嵌门/覆盖门	内嵌门
门重	最大20kg	最大15kg	最大15kg
门/门框材质	木质/木质，铝质	木质/木质，铝质	木质/木质，铝质

表4-15

配件组成	材质与规格	作用与安装
 上滑轨	材质：铝合金 规格：3000，4000，6000	作用：滑动轨道 安装：柜体顶部
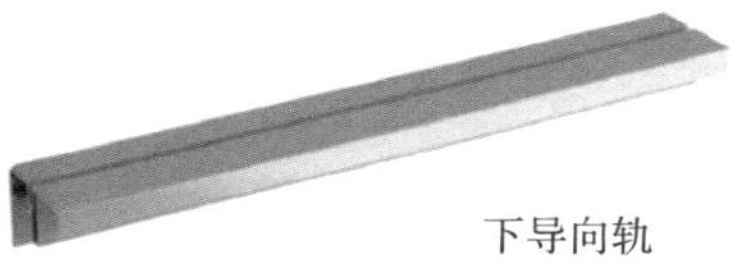 下导向轨	材质：铝合金 规格：3000，4000，6000	作用：导向轨道 安装：柜体底部
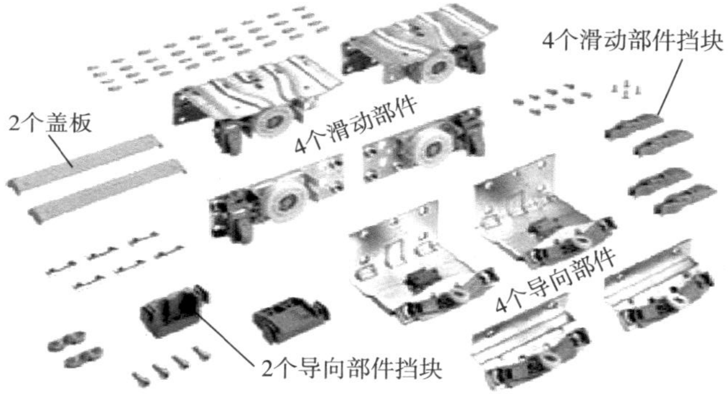 4个滑动部件挡块　4个滑动部件　4个导向部件　2个导向部件挡块　2个盖板		滑动、导向配件包括： ◆ 4个滑动部件 ◆ 4个导向部件 ◆ 4个滑动部件挡块 ◆ 2个导向部件挡块 ◆ 2个盖板 ◆ 固定材料

配件组成	材质与规格	作用与安装
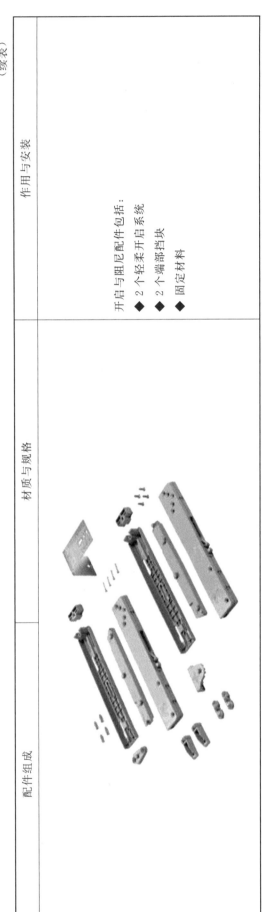		开启与阻尼配件包括： ◆ 2 个轻柔开启系统 ◆ 2 个端部挡块 ◆ 固定材料

（续表）

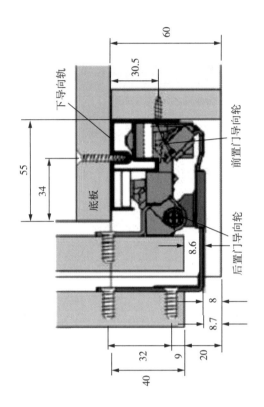

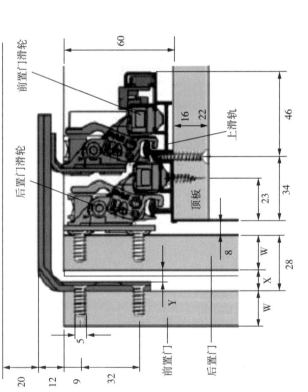

图 4 - 22　Hettich TopLineXL 顶部滑动移门滑动、导向系统结构图

表 4-16 Hettich FR 滚轮滑轨

	FR302	FR402	FR602
描述	部分拉出轨道 集成自闭装置，可自动闭合 双齿定位和防倾倒功能 一侧有定位轨 自动调节误差±1mm	部分拉出轨道 集成自闭装置，可自动闭合 双齿定位和防倾倒功能 一侧有定位轨 自动调节误差±1mm	部分拉出轨道 集成自闭装置，可自动闭合 双齿定位和防倾倒功能 一侧有定位轨 自动调节误差±2mm
承重	20kg	25kg	30kg
轨道长度（mm）	250、300、350、400、450、500	250、300、350、400、450、500、550、600	250、300、350、400、450、500、550、600、650、700、750、800

	FR6142	FR1105	
描述	超全拉出轨道 集成自闭装置，可自动闭合 带抬起保护装置和可锁中央滑轨 两侧都带有定位轨 自动调节误差±2mm	部分拉出轨道 集成自闭装置，可自动闭合 双齿定位和防倾倒功能 自动调节误差±2mm	中央锁定装置、垫圈、滑轨垫高片、缓冲垫、稳定装置、面板调节装置、固定螺丝
承重	50kg	100kg	
轨道长度（mm）	250、300、350、400、450、500、550、600、650、700、750、800	400、450、500、550、600、650、700、750、800、850、900、950、1000	

滚轮轨道的安装和使用见表 4 - 17 所示。

表 4 - 17 滚轮滑轨的安装和使用

FR302 说明：轨道厚度 12.5mm，承重 20kg，部分拉出	FR402 说明：轨道厚度 12.5mm，承重 25kg，部分拉出
FR602 说明：轨道厚度 12.5mm，承重 30kg，部分拉出	FR6142 说明：轨道厚度 12.5mm，承重 50kg，超全拉出
FR1105 说明：轨道厚度 17mm，承重 100kg，部分拉出	

2. 滚珠滑轨

滚珠滑轨俗称钢珠轨道，采用钢珠滚动原理支撑的抽屉轨道。

钢珠滑轨根据安装形式的不同，分为侧面安装轨道（斗劳侧面）和覆盖式安装轨道（托斗劳底边安装）。

根据滑轨的节数划分，分为两节钢珠轨道和三节钢珠轨道。

根据承载的能力划分，分为 30kg、34kg、35kg、40kg、45kg、60kg、90kg、136kg 等。

Hettich 的钢珠滑轨分为以下系列，见表 4-18 所示。

表 4-18 Hettich 的钢珠滑轨系列表

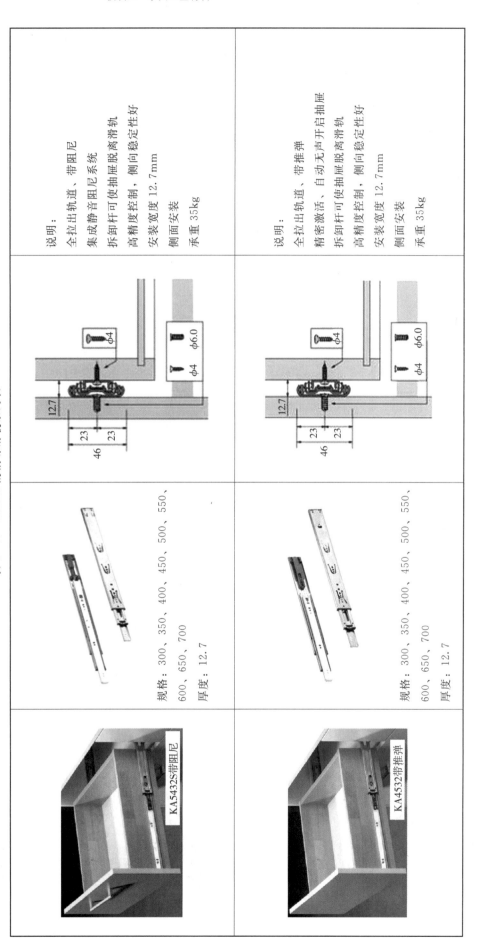

说明：
KA5432S带阻尼	规格：300、350、400、450、500、550、600、650、700 厚度：12.7		说明： 全拉出轨道、带阻尼 集成静音阻尼系统 拆卸杆可使抽屉脱离滑轨 高精度控制、侧向稳定性好 安装宽度 12.7mm 侧面安装 承重 35kg
KA4532带推弹	规格：300、350、400、450、500、550、600、650、700 厚度：12.7		说明： 全拉出轨道、带推弹 精密激活、自动无声开启抽屉 拆卸杆可使抽屉脱离滑轨 高精度控制、侧向稳定性好 安装宽度 12.7mm 侧面安装 承重 35kg

（续表）

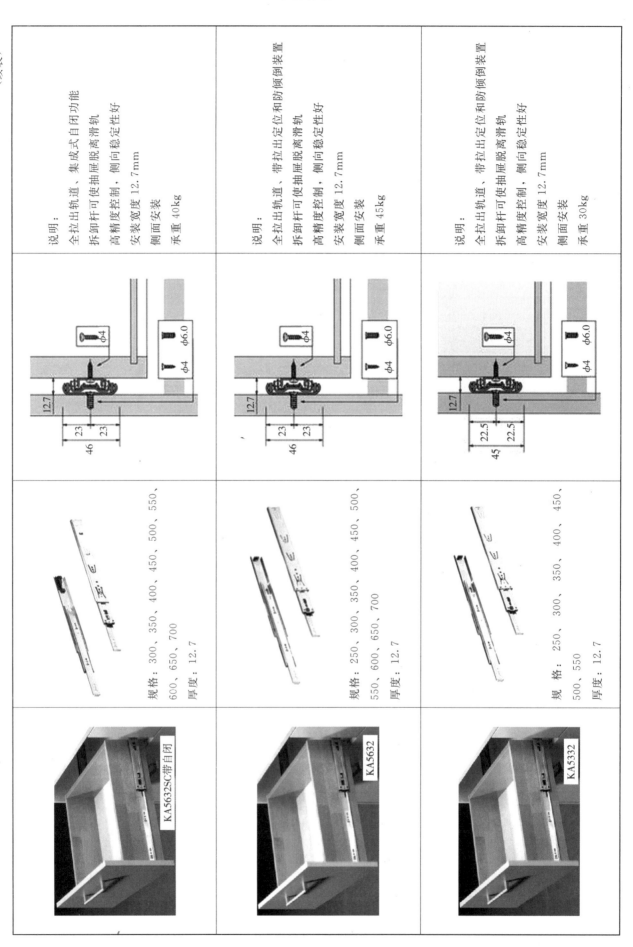

说明：
全拉出轨道、集成式自闭功能
拆卸杆可使抽屉脱离滑轨
高精度控制，侧向稳定性好
安装宽度12.7mm
侧面安装
承重40kg

规格：300、350、400、450、500、550、600、650、700
厚度：12.7

KA5632SC带自闭

说明：
全拉出轨道、带拉出定位和防倾倒装置
拆卸杆可使抽屉脱离滑轨
高精度控制，侧向稳定性好
安装宽度12.7mm
侧面安装
承重45kg

规格：250、300、350、400、450、500、550、600、650、700
厚度：12.7

KA5632

说明：
全拉出轨道、带拉出定位和防倾倒装置
拆卸杆可使抽屉脱离滑轨
高精度控制，侧向稳定性好
安装宽度12.7mm
侧面安装
承重30kg

规格：250、300、350、400、450、500、550
厚度：12.7

KA5332

（续表）

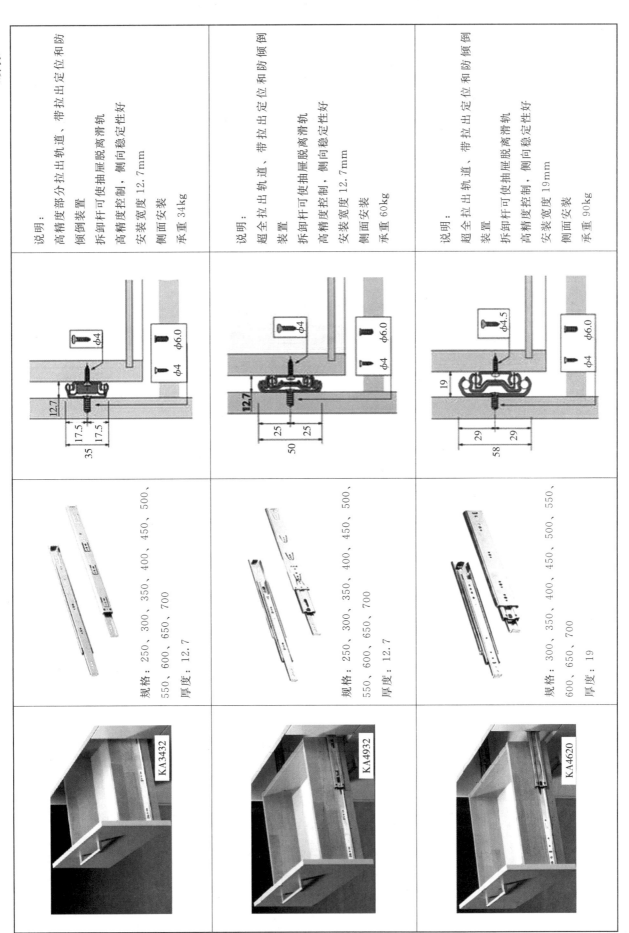

说明	规格	图例
说明： 高精度部分拉出轨道、带拉出定位和防倾倒装置 拆卸杆可使抽屉脱离滑轨 高精度控制，侧向稳定性好 安装宽度12.7mm 侧面安装 承重34kg	规格：250、300、350、400、450、500、550、600、650、700 厚度：12.7	KA3432
说明： 超全拉出轨道、带拉出定位和防倾倒装置 拆卸杆可使抽屉脱离滑轨 高精度控制，侧向稳定性好 安装宽度12.7mm 侧面安装 承重60kg	规格：250、300、350、400、450、500、550、600、650、700 厚度：12.7	KA4932
说明： 超全拉出轨道、带拉出定位和防倾倒装置 拆卸杆可使抽屉脱离滑轨 高精度控制，侧向稳定性好 安装宽度19mm 侧面安装 承重90kg	规格：300、350、400、450、500、550、600、650、700 厚度：19	KA4620

（续表）

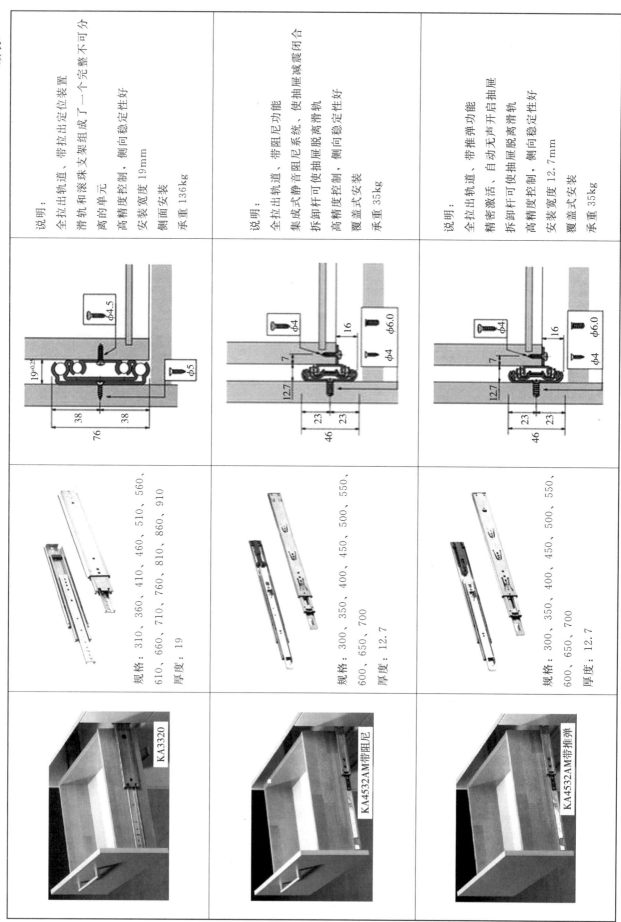

说明：	说明：	说明：
全拉出轨道、带拉出定位装置	全拉出轨道、带阻尼功能	全拉出轨道、带推弹功能
滑轨和滚珠支架组成了一个完整不可分离的单元	集成式静音阻尼系统，使抽屉脱离滑轨	精密激活、自动无声开启抽屉
高精度控制、侧向稳定性好	拆卸式可使抽屉脱离滑轨	拆卸杆可使抽屉脱离滑轨
安装宽度19mm	高精度控制、侧向稳定性好	高精度控制、侧向稳定性好
侧面安装	覆盖式安装	安装宽度12.7mm
承重136kg	承重35kg	覆盖式安装
		承重35kg

规格：310、360、410、460、510、560、610、660、710、760、810、860、910	规格：300、350、400、450、500、550、600、650、700	规格：300、350、400、450、500、550、600、650、700
厚度：19	厚度：12.7	厚度：12.7

KA3320	KA4532AM带阻尼	KA4532AM带推弹

（续表）

图例	规格	说明
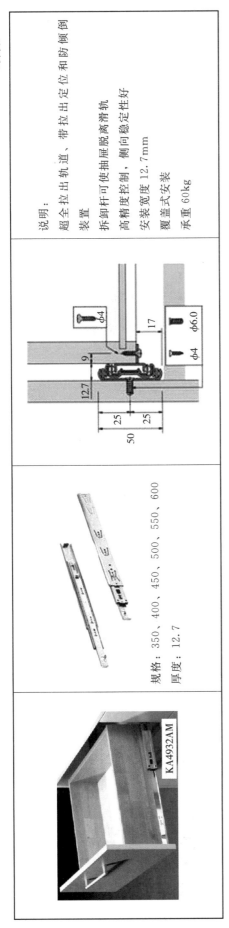 KA4932AM	规格：350、400、450、500、550、600 厚度：12.7	说明： 超全拉出轨道，带拉出定位和防倾倒装置 拆卸杆可使抽屉脱离滑轨 高精度控制，侧向稳定性好 安装宽度 12.7mm 覆盖式安装 承重 60kg

3. Quadro 抽屉滑轨

因安装在斗劳内侧斗底下方，拉开抽屉不见抽屉轨道，所以俗称"隐藏抽"。Hettich 常用 Quadro 抽屉系统及配件见表 4－19 所示。

表 4－19　Hettich Quadro 抽屉系统及配件

图例	规格	说明
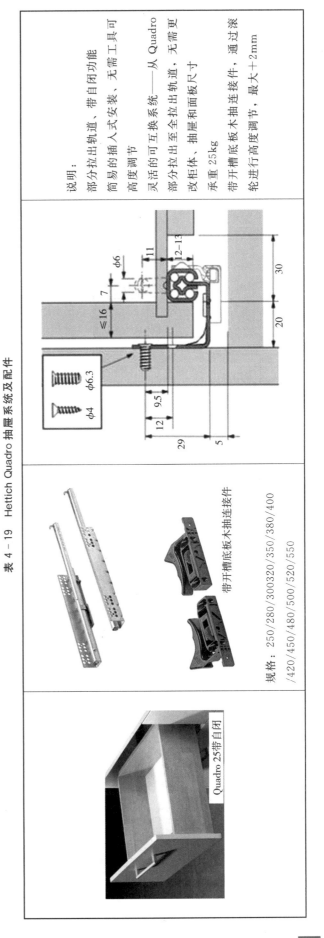 Quadro 25 带自闭 带开槽底板木抽连接件	规格：250/280/300320/350/380/400 /420/450/480/500/520/550	说明： 部分拉出轨道，带自闭功能 简易的插入式安装，无需工具可高度调节 灵活的可互换系统——从 Quadro 部分拉出至全拉出轨道，无需更改柜体、抽屉和面板尺寸 承重 25kg 带开槽底板木抽连接件，通过滚轮进行高度调节，最大＋2mm

（续表）

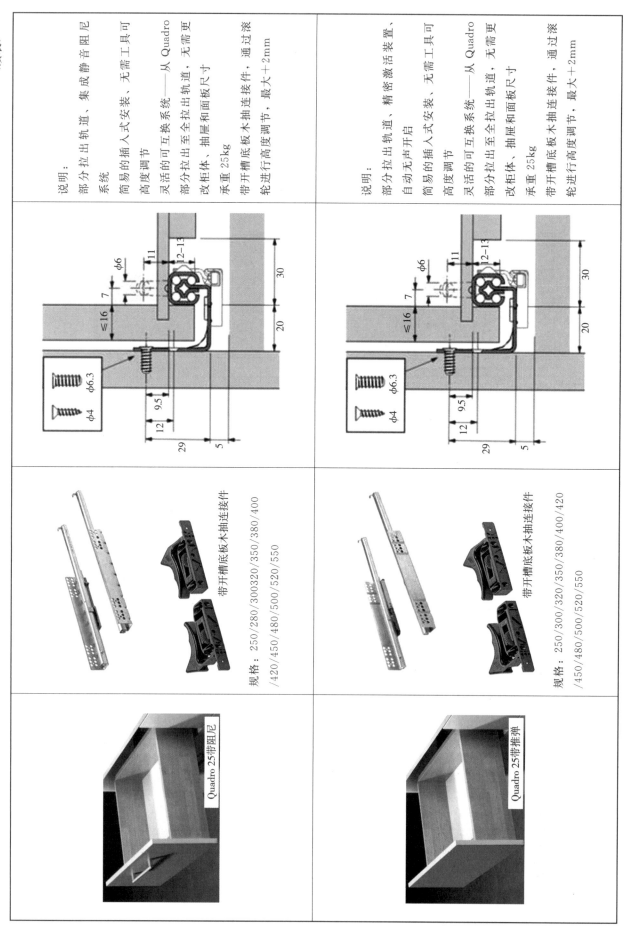

说明：
部分拉出轨道、集成静音阻尼系统
简易的插入式安装，无需工具可高度调节
灵活的可互换系统——从 Quadro 部分拉出至全拉出轨道，无需更改柜体、抽屉和面板尺寸
承重 25kg
带开槽底板木抽连接件、通过滚轮进行高度调节，最大＋2mm

说明：
部分拉出轨道、精密激活装置、自动无声开启
简易的插入式安装，无需工具可高度调节
灵活的可互换系统——从 Quadro 部分拉出至全拉出轨道，无需更改柜体、抽屉和面板尺寸
承重 25kg
带开槽底板木抽连接件、通过滚轮进行高度调节，最大＋2mm

φ6.3
φ4

带开槽底板木抽连接件

规格：250/280/300320/350/380/400/420/450/480/500/520/550

带开槽底板木抽连接件

规格：250/300/320/350/380/400/420/450/480/500/520/550

Quadro 25带阻尼

Quadro 25带推弹

（续表）

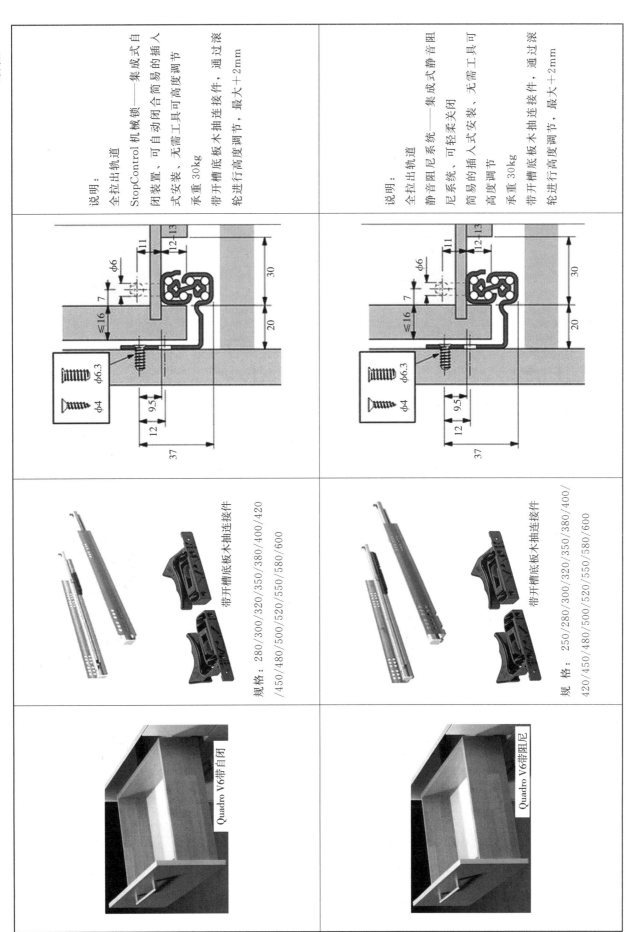

说明：

全拉出轨道

StopControl 机械锁——集成式自闭装置，可自动闭合简易的插入式安装，无需工具可高度调节

承重 30kg

带开槽底板木抽连接件，通过滚轮进行高度调节，最大＋2mm

规格：280/300/320/350/380/400/420/450/480/500/520/550/580/600

带开槽底板木抽连接件

Quadro V6带自闭

说明：

全拉出轨道

静音阻尼系统——集成式静音阻尼系统，可轻柔关闭

简易的插入式安装，无需工具可高度调节

承重 30kg

带开槽底板木抽连接件，通过滚轮进行高度调节，最大＋2mm

规格：250/280/300/320/350/380/400/420/450/480/500/520/550/580/600

带开槽底板木抽连接件

Quadro V6带阻尼

（续表）

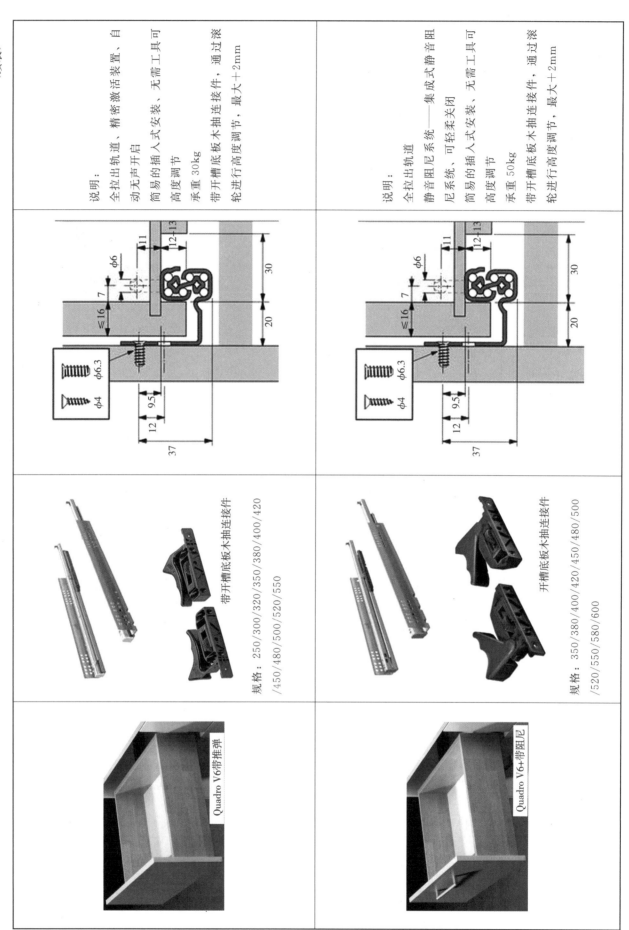

说明：
全拉出轨道、精密激活装置、自动无声开启
简易的插入式安装，无需工具可高度调节
承重 30kg
带开槽底板木抽连接件，通过滚轮进行高度调节，最大 +2mm

说明：
全拉出轨道
静音阻尼系统——集成式静音阻尼系统，可轻柔关闭
简易的插入式安装，无需工具可高度调节
承重 50kg
带开槽底板木抽连接件，通过滚轮进行高度调节，最大 +2mm

带开槽底板木抽连接件
规格：250/300/320/350/380/400/420/450/480/500/520/550

开槽底板木抽连接件
规格：350/380/400/420/450/480/500/520/550/580/600

Quadro V6带推弹

Quadro V6+带阻尼

（续表）

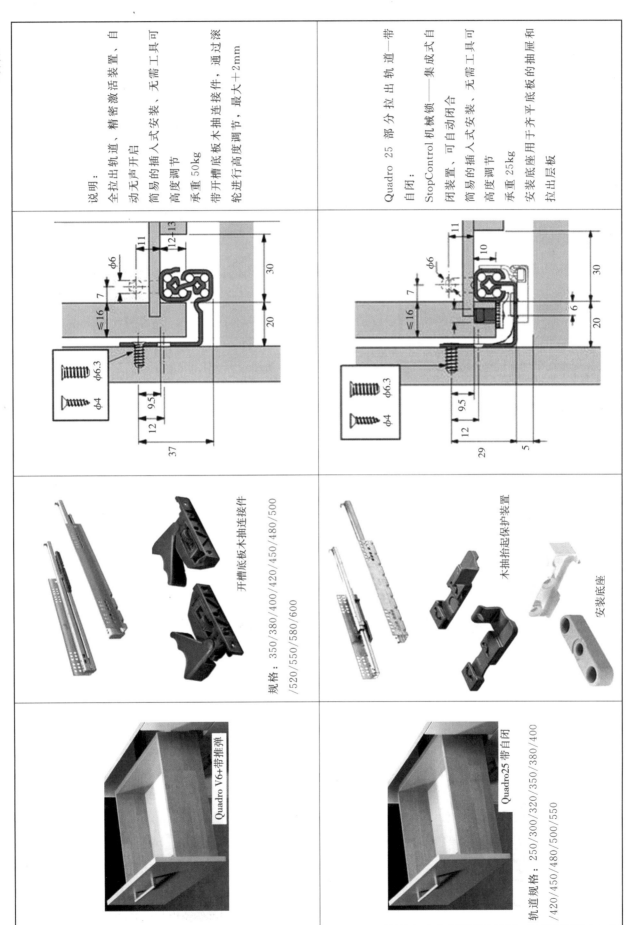

说明：
全拉出轨道、精密激活装置、自动无声平启
简易的插入式安装、无需工具可高度调节
承重50kg
带开槽底板木抽连接件，通过滚轮进行行程调节，最大＋2mm

开槽底板木抽连接件

规格：350/380/400/420/450/480/500/520/550/580/600

Quadro V6+带推弹

Quadro 25 部分拉出轨道─带自闭：StopControl 机械锁──集成式自闭装置、可自动闭合
简易的插入式安装、无需工具可高度调节
承重25kg
安装底座用于齐平底板的抽屉和拉出层板

木抽抬起保护装置

安装底座

Quadro25 带自闭

轨道规格：250/300/320/350/380/400/420/450/480/500/550

（续表）

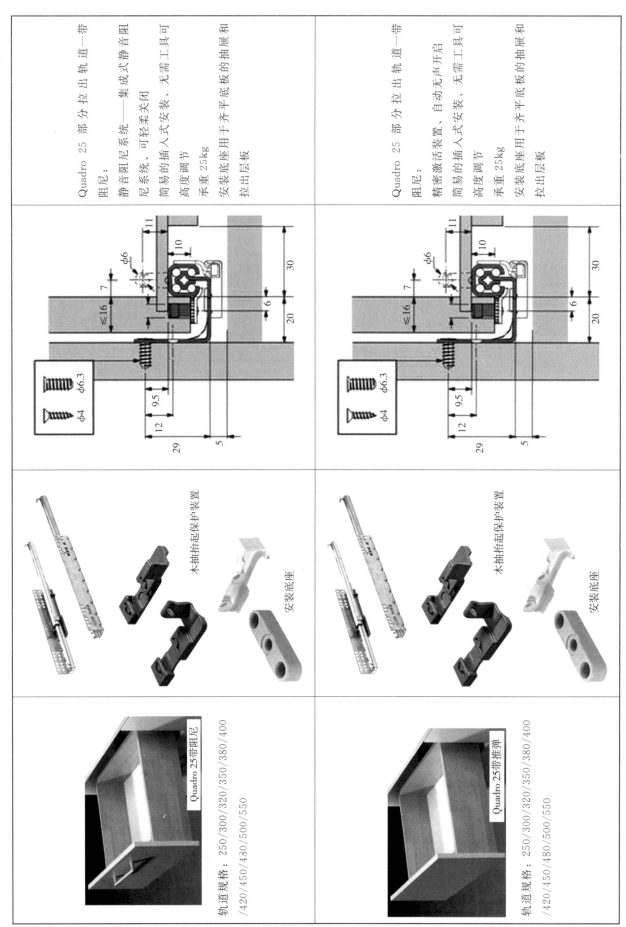

Quadro 25 部分拉出轨道一带

阻尼：
静音阻尼系统——集成式静音阻尼系统、可轻柔关闭
简易的插入式安装、无需工具可高度调节
承重 25kg
安装底座用于齐平底板的抽屉和拉出层板

Quadro 25 部分拉出轨道一带

阻尼：
精密激活装置、自动无声开启
简易的插入式安装、无需工具可高度调节
承重 25kg
安装底座用于齐平底板的抽屉和拉出层板

木抽抬起保护装置

安装底座

木抽抬起保护装置

安装底座

Quadro 25带阻尼

轨道规格：250/300/320/350/380/400
/420/450/430/500/550

Quadro 25带推弹

轨道规格：250/300/320/350/380/400
/420/450/480/500/550

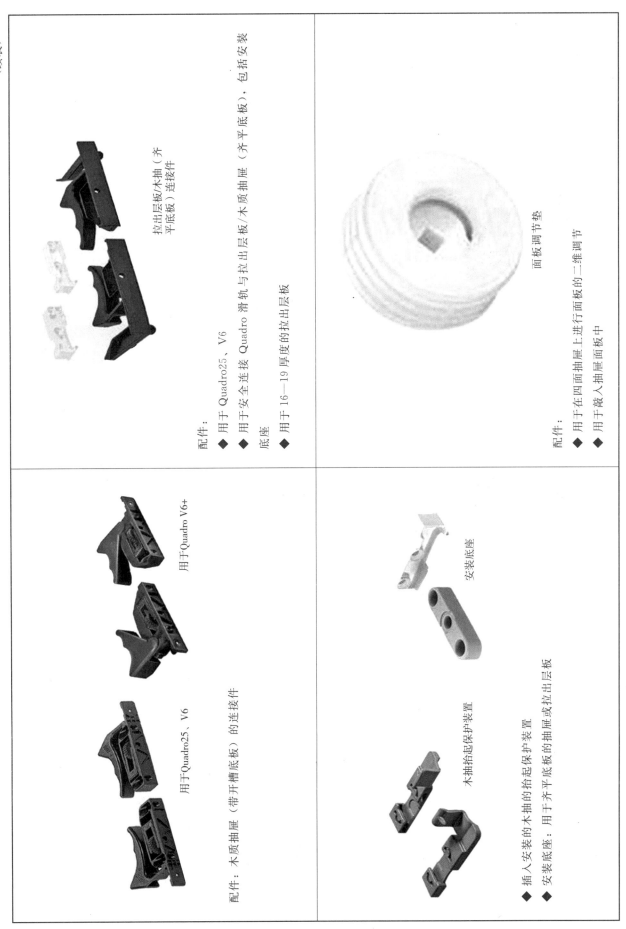

(续表)

拉出层板/木抽（齐平底板）连接件

配件：
◆ 用于 Quadro25、V6
◆ 用于安全连接 Quadro 滑轨与拉出层板/木质抽屉（齐平底板），包括安装底座
◆ 用于 16—19 厚度的拉出层板

面板调节垫

配件：
◆ 用于在四面抽屉上进行面板的二维调节
◆ 用于嵌入抽屉面板中

用于Quadro V6+

用于Quadro25、V6

配件：木质抽屉（带开槽底板）的连接件

安装底座

木抽抬起保护装置

◆ 插入安装的木抽的抬起保护装置
◆ 安装底座：用于齐平底板的抽屉或拉出层板

（三）柜体连接件

柜体连接件是板式家具的核心，具有可拆卸功能，广泛用于可拆装板式家具的连接。

1. Hettich 柜体连接件分类

Hettich 柜体连接件分为七个系列，见表 4 - 20 所示。

表 4 - 20 Hettich 柜体连接件

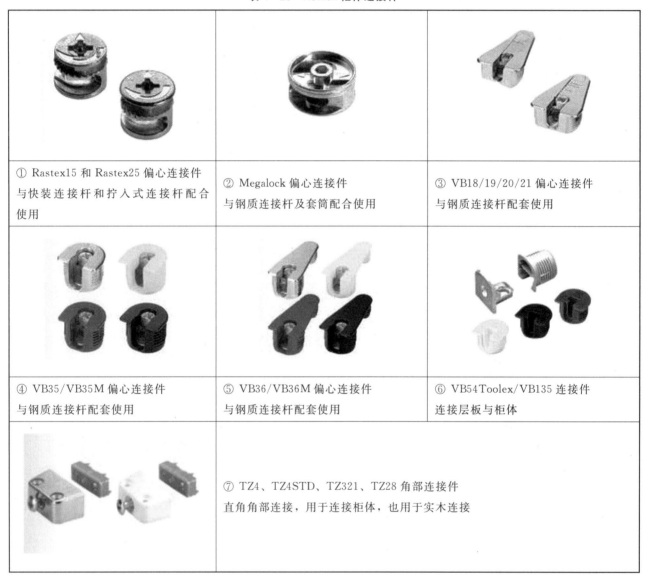

① Rastex15 和 Rastex25 偏心连接件 与快装连接杆和拧入式连接杆配合使用	② Megalock 偏心连接件 与钢质连接杆及套筒配合使用	③ VB18/19/20/21 偏心连接件 与钢质连接杆配套使用
④ VB35/VB35M 偏心连接件 与钢质连接杆配套使用	⑤ VB36/VB36M 偏心连接件 与钢质连接杆配套使用	⑥ VB54Toolex/VB135 连接件 连接层板与柜体
⑦ TZ4、TZ4STD、TZ321、TZ28 角部连接件 直角角部连接，用于连接柜体，也用于实木连接		

2. Hettich Rastex15 柜体连接件的应用

（1）Rastex15 连接件特点

Rastex15 偏心连接件如图 4 - 23 所示，是应用最广的柜体连接件。它具有如下特点：

◆ 配有抗剪切支撑，上紧前它与板之间有可达 4mm 的偏心距离。

◆ 通过内外锯齿而达到双重锁紧保险。连杆总是紧固于两个锯齿的中央，排除了家具部件之间的松动。

◆ 偏心轮可用一字形螺丝刀、十字形螺丝刀 PZ3 或内六角扳手 A/F4 拧紧。

◆ 带边盖的 Rastex15 偏心轮可以覆盖任何锯齿孔边缘，使其美观。

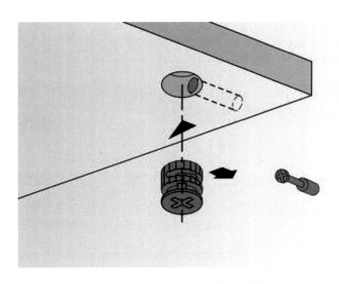

图 4 - 23　Rastex15 偏心连接件

（2）Rastex15 偏心轮的种类与选择

◆ 分为带边盖和不带边盖两种。带边盖的偏心轮具有遮掩孔边的破损。

◆ 规格选择：按照板厚选择合适规格。

带边盖 Rastex15：适用的板材厚度有 15、16、19、22、29。

不带边盖 Rastex15：适用的板材厚度有 12、15、16、18、19、22、29。

（3）Rastex15 连杆的种类与选择

◆ 根据工艺选择连杆的类型：锁紧连杆分为快装型、自攻拧入型、丝杆螺母拧入型。如图 4 - 24 所示。

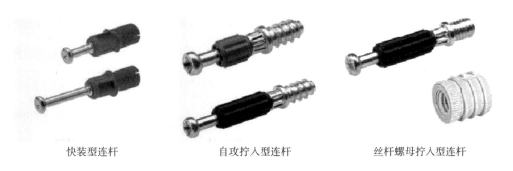

快装型连杆　　　　　　　　自攻拧入型连杆　　　　　　　　丝杆螺母拧入型连杆

图 4 - 24　Rastex15 配套的连杆图

快装型连杆：带膨胀塑料栓，分为蓝色、绿色两种。

蓝色：用于 8mm 钻孔直径，连杆长度 20mm、30mm。

绿色：用于 10mm 钻孔直径，连杆长度 20mm、30mm。

自攻型拧入型连杆：带自攻固定螺纹，分为蓝色、绿色、黑色三种。

绿色：用于 5mm 钻孔直径，连杆长度 20mm，用于 Rastex15 偏心轮。

黑色：用于 5mm 钻孔直径，连杆长度 30mm，用于 Rastex15 偏心轮。

丝杆螺母拧入型连杆：带螺纹丝口，必须与预埋塑料螺母（胀栓）配套使用，分为黑色和光面钢质两种。

黑色：配 M6×7.8 螺纹，与 Φ8×M6 或 Φ10×M6 的预埋塑料螺母（胀栓）配套使用，连杆长度 30。

光面：配 M4×7.8 螺纹，与 Φ8×M4 或 Φ10×M4 的预埋塑料螺母（胀栓）配套使用，连杆长度 20/30。

◆ 特殊连杆的选择：见表 4 - 21 所示。

表 4 - 21

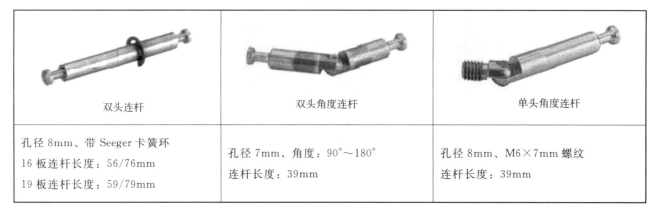

双头连杆	双头角度连杆	单头角度连杆
孔径 8mm、带 Seeger 卡簧环 16 板连杆长度：56/76mm 19 板连杆长度：59/79mm	孔径 7mm、角度：90°～180° 连杆长度：39mm	孔径 8mm、M6×7mm 螺纹 连杆长度：39mm

（4）预埋塑料胀栓的选择：与连杆配套的螺母可以是塑料材质，也可以是光面铜质，其中塑料较为常用。规格的选择主要考虑板厚、钻孔尺寸、连杆螺纹尺寸，其中连杆螺纹必须与预埋螺母螺纹配套。预埋螺母外径、深度必须与板孔孔径及深度一致，预埋螺母的深度选择应考虑板块厚度，应防止深度过大导致钻孔破损。Hettich 常用板块连接的预埋螺母见表 4 - 22 所示。

表 4 - 22 　Hettich 板块连接预埋螺母

49 号塑料预埋螺母	30 号塑料预埋螺母	30 号塑料预埋螺母
尺寸：8×11（mm） 螺纹：M6 与 Restax15/25、VB18/19/20/21、VB35/36 配套使用	尺寸：8×8（mm） 螺纹：M4 与 Restax15/25、VB135、VB35/36 配套使用	尺寸：8×11（mm） 螺纹：M6 与 Restax15/25、VB18/19/20/21、VB35/36 配套使用
100 号塑料预埋螺母	铜质预埋螺母	铜质预埋螺母
尺寸：10×13（mm） 螺纹：M6 与 Restax15/25、VB35/36 配套使用	尺寸：8×9、8×12（mm） 螺纹：M5、M6 与 Restax15/25、VB18/19/20/21、VB35/36 配套使用	尺寸：8×9、8×12（mm） 螺纹：M6 与 Restax15/25、VB135、VB18/19/20/21、VB35/36 配套使用

3.其他家具连接件

家具连接件种类较多，这里将常见的其他家具连接件归纳在表 4-23 中。

表 4-23　常见其他家具连接件

序号	外形图	规格与应用
1		Hettich AVB5 台面连接件： ◆ 长度规格：65、100、150（mm） ◆ 台面背面钻孔：Φ35×20（深度不小于 20）
2		Hettich AVB HT 台面连接件： ◆ 长度规格：81、116、165（mm） ◆ 台面背面钻孔：Φ40×45、Φ40×56 ◆ 适合于 50~60 台面厚度
3		Hettich EverFix 单头永久连接件： ◆ 隐藏式连接、一个单头连杆和一个带弹簧钢片的敲入式胀栓 ◆ 抗拉强度 800N
4		Hettich EverFix 双头永久连接件： ◆ 隐藏式连接、一个单头连杆和两个带弹簧钢片的敲入式胀栓 ◆ 抗拉强度 800N
5		Hettich MultiClip 悬挂式连接件： ◆ 用于护墙板、踢脚板、面板及各类挡板 ◆ 该连接件可以平行或者垂直地旋紧在面板或挡板上 ◆ 一个连接件、多种用途 ◆ 通过带锯齿表面的弹性卡片，定位牢固 ◆ 可变螺丝安装位置，允许从上方、正面、侧面以及齐平位置进行连接 ◆ 可进行调节、确保完美校准

（续表）

序号	外形图	规格与应用
6		Hettich VB90 斜角连接件： ◆ 两个部件的连接有较大角度时，适合采用该连接件 ◆ 连接角度可在 30°～270°内任意调节 ◆ 规格：20.5×20.5×43
7		Hettich VB16 角部连接件： ◆ 跨距范围从 36mm 到 46mm，适用于各种类型的角部连接 ◆ 高强度夹紧力紧固斜接面，斜接面接缝非常小
8		Hettich VB160 斜角连接件： ◆ 用于浅门框或角部连接 ◆ 凹进深度 10mm ◆ 偏心轮锁紧原理
9		Hettich RV1 背板连接件： ◆ 连接 5mm 薄背板与旁板 ◆ 可用于 32mm 系统、具有可调性
10		Hettich RV3 背板连接件： ◆ 连接 5mm 薄背板与旁板 ◆ 通过长圆孔调节钻孔误差
11		Hettich RV7D 背板连接件： ◆ 配备 RV7D，背板即可从柜体内部固定 ◆ 安装工作更轻松 ◆ RV7D可用各种固定组件进连接背板 ◆ 通过长圆孔可进行高度调节±1mm

（续表）

序号	外形图	规格与应用
12		Hettich 欧洲型支架连接件： ◆ 可作为通用直角连接件，用于柜体、层板、背板、抽屉面板等 ◆ 可用于 32mm 系统 ◆ 规格：50×25×42、厚度 2mm
13		Hettich 通用直角连接件： ◆ 通用直角连接件，用于较小的柜体单元、承重较小 ◆ 用直径 3.5mm 沉头螺丝连接 ◆ 规格：20.5×20.5×43
14		Hettich Direkta2 连接螺丝： ◆ 带自攻头螺纹的螺丝 ◆ 规格：Φ6.3×38 　　　　Φ6.3×50
15		Hettich VS 连接螺丝： ◆ 用于 8mm 钻孔、直径 M6 的螺纹 ◆ PU100＝100M6 钢制螺丝＋100 螺帽 ◆ 规格：VS26、VS29、VS34、VS39、VS44、VS49
16		Hettich VHS32 连接螺丝： ◆ 用于紧固固定的隐藏式柜体连接、5mm 的钻孔直径 ◆ 连接套筒长度 27，连接板厚 28～35，套筒长度 35，连接板厚 36～44 ◆ 带螺纹的套筒、可轻松地拧入连接螺丝
17	◆ M4 的螺纹、5mm 的钻孔直径	Hettich 端部螺丝和套筒： $\phi 9$　M4　M4 8/9　15/18/22

（续表）

序号	外形图	规格与应用
18		金属组合连接件： ◆ 用于板块、实木连接 ◆ 连接强度大、稳定性好 ◆ 规格：根据板厚选择，与18、25两种板厚配套
19		丝杆螺母组合连接件（俗称二合一）： ◆ 用于板块、实木连接 ◆ 连接强度大、稳定性好 ◆ 规格：根据板厚选择、常用螺杆长度：40、60、70、80、90、100，螺纹 M6、M8
20	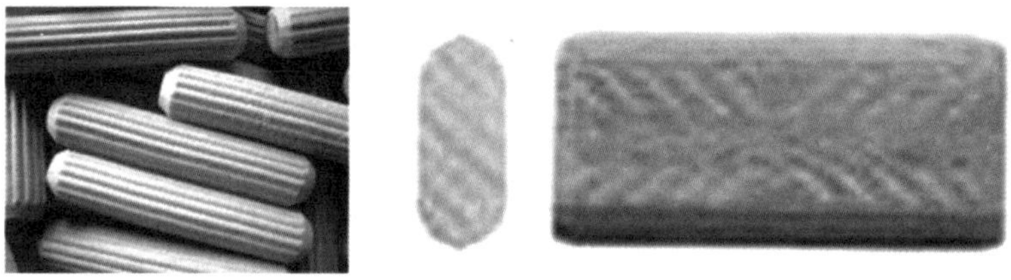	木插入榫：常用的有圆棒榫、椭圆榫，圆榫常与三合一连接件配套使用，三合一起锁紧作用，圆棒榫起定位作用，常用圆榫规格：Φ5/6/8/10 等

（四）家具支撑类五金件

主要包括层板托、衣棍托、家具脚、家具脚轮等。见表4-24所示。

表4-24 家具支撑类五金件

序号	图片	使用说明
1		Hettich Safety 层板销： ◆ 钢销、塑料外套 ◆ 可用于32mm系统 ◆ 孔径规格：Φ3/4/5/6mm ◆ 负载：50kg/m²

（续表）

序号	图　片	使用说明
2		Hettich Universal 层板销： ◆ 钻孔 Φ5mm ◆ 可用于 32mm 系统
3		Hettich Dupla 层板销： ◆ 钢质、双头、钻孔 Φ5mm ◆ 可用于 32mm 系统
4		Hettich 扁平层板销（带套筒）： ◆ 钢质、钻孔 Φ8mm
5		Hettich 扁平层板销： ◆ 钢质、钻孔 Φ5mm ◆ 可用于 32mm 系统
6		Hettich Perfekt F 层板销： ◆ 带钢钉、塑料材质 ◆ 负载：25kg/m²
7		Hettich 开槽层板销： ◆ 用于开槽层板、销 Φ5mm ◆ 负载：25kg/m² ◆ 可用于 32mm 系统
8		Hettich 层板双头螺栓： ◆ 销 Φ5mm ◆ 透明塑料材质 ◆ 可用于 32mm 系统
9		Hettich Alfa Stop/Beta 层板销： ◆ 与支撑件 Beta 配合使用、有快锁功能 ◆ 锌压铸、镀镍 ◆ 负载：50kg/m²

（续表）

序号	图　片	使用说明
10		Hettich Sekura 系列层板销： ◆ 可用于 32mm 系统　　◆ 钻孔 Φ5mm　　◆ 负载：70kg/m²
11		Hettich 推入式层板销： ◆ 钢质、双头、钻孔直径 Φ5 ◆ 可用于 32mm 系统
12		Hettich 玻璃层板销： ◆ 钻孔 Φ5mm　　◆ 按照玻璃厚度选择
13		衣棍托： ◆ 用于挂衣棍安装 ◆ 根据挂衣棍外形、直径选择合适的底座形式与规格
14		挂衣棍（杆）（衣通）：与衣棍托配套使用
15		家具脚：金属或 ABS 塑料材质、有的具有高度可调性

（续表）

序号	图　片	使用说明
16	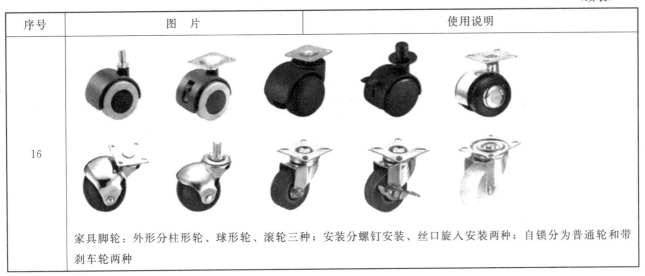	家具脚轮：外形分柱形轮、球形轮、滚轮三种；安装分螺钉安装、丝口旋入安装两种；自锁分为普通轮和带刹车轮两种

（五）其他家具五金

主要包括拉手、家具锁、装饰贴花等。见表 4 - 25 所示。

表 4 - 25　家具装饰五金

序号	产品图及说明
1	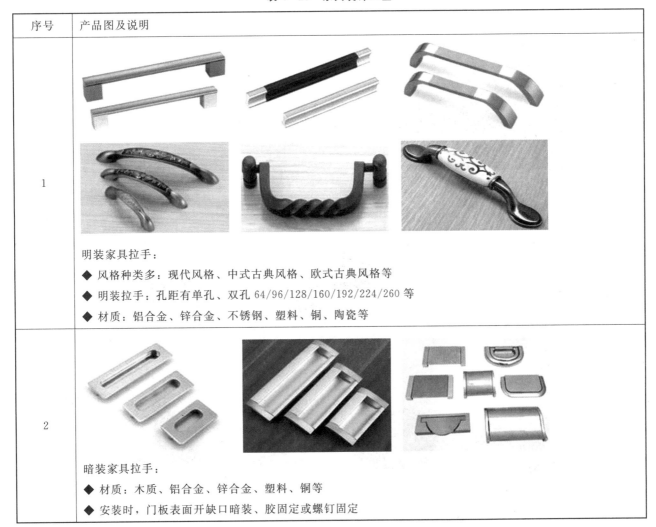 明装家具拉手： ◆ 风格种类多：现代风格、中式古典风格、欧式古典风格等 ◆ 明装拉手：孔距有单孔、双孔 64/96/128/160/192/224/260 等 ◆ 材质：铝合金、锌合金、不锈钢、塑料、铜、陶瓷等
2	暗装家具拉手： ◆ 材质：木质、铝合金、锌合金、塑料、铜等 ◆ 安装时，门板表面开缺口暗装、胶固定或螺钉固定

（续表）

序号	产品图及说明
3	 嵌装明拉手： ◆ 材质：铝合金、锌合金等金属材料　　◆ 材质：与门板背面螺钉连接
4	 隐形拉手： ◆ 材质：铝合金　　◆ 广泛用于厨柜门板
5	 免拉手铝合金条： ◆ 材质：铝合金　◆ 广泛用于厨柜门板
6	 抽屉锁：分为单舌锁、勾锁、三连锁等，主要用于抽屉安装
7	 家具线盒、孔盖等

（续表）

序号	产品图及说明
8	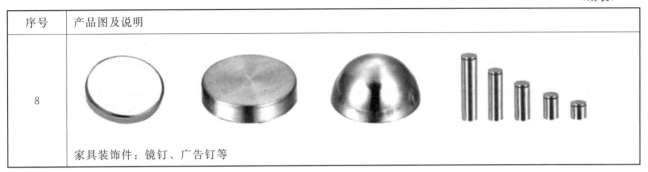 家具装饰件：镜钉、广告钉等

五、任务实施

（一）工作准备

家具五金件：

板块连接件：Φ15三合一、二合一、圆棒榫、丝杆螺母、组合连接件。

抽屉滑倒：350托底抽轨、450钢珠抽轨。

门板铰链：直臂铰链、中弯铰链、大弯铰链。

衣棍座、挂衣棍等。

设计图纸：一套规范的衣柜设计图纸（CAD施工图）。如图4-25、图4-26所示。

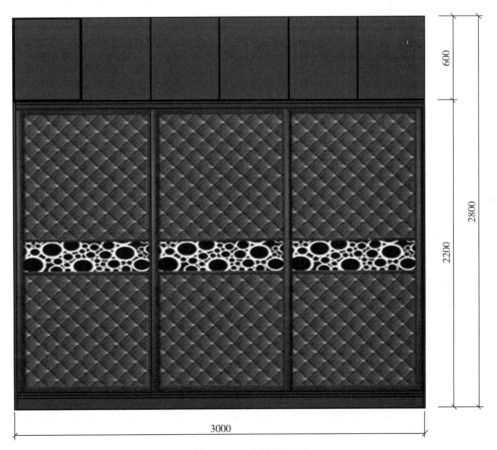

图4-25　衣柜外形图

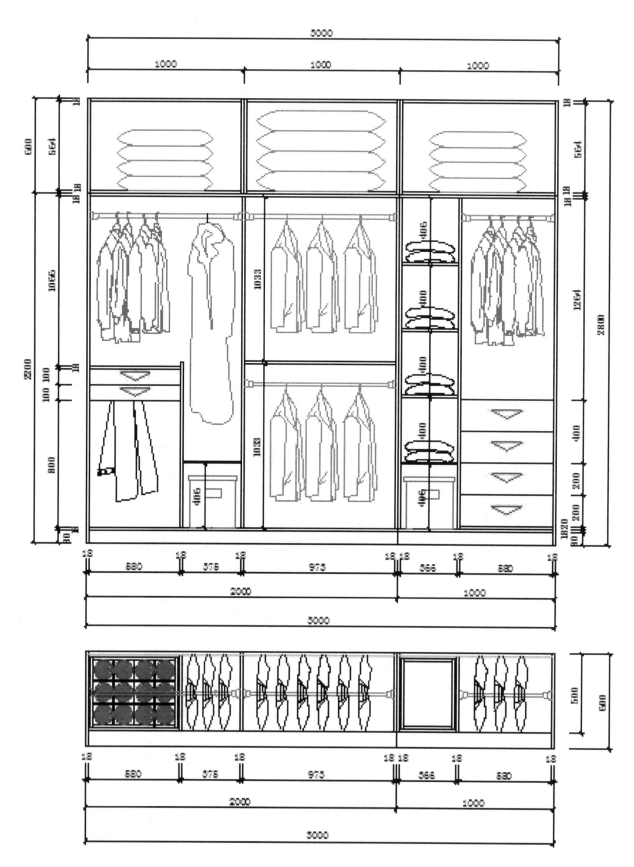

图 4 - 26　衣柜结构图

（二）任务实施

一组移门衣柜五金件的选择和数量统计：

1．衣柜五金件的选择和特点描述

（1）该套衣柜连接件的选择

表 4－26　该套衣柜连接件的选择

年　　月　　日

序号	连接件名称	特点与应用
1	Φ15 三合一	
2	二合一	
3	圆棒榫	
4	丝杆螺母	
5	组合连接件	
6	衣棍座与衣通	
适合该衣柜的连接件选择：		

制表人：

（2）该套衣柜铰链的选择

表 4－27　该套衣柜铰链的选择

年　　月　　日

序号	连接件名称	特点与应用
1	直臂铰链	
2	中弯铰链	
3	大弯铰链	
适合该衣柜的铰链选择：		

制表人：

（3）该套衣柜滑轨的选择

表 4－28　该套衣柜滑轨的选择

年　　月　　日

序号	连接件名称	特点与应用
1	350 托底抽轨	
2	400 钢珠抽轨	
适合该衣柜的滑轨选择：		

制表人：

2. 该套衣柜五金件的种类与数量统计

表 4-29   该套衣柜五金件的种类与数量统计

年　　月　　日

序号	连接件名称与规格	数　　量
1		
2		
3		
4		
5		
6		
7		
8		
9		
10		

制表人：

（三）成果认定

（1）该套衣柜连接件的选择表。

（2）该套衣柜铰链的选择表。

（3）该套衣柜滑轨的选择表。

（4）该套衣柜五金件种类与数量统计表。

（5）成果考核：提交成果按百分制评定成绩，分为准确性、完整性、综合素质三个方面评价。

正确性：占总分的 50%，考核学生完成任务的正确程度。

完整性：占总分的 40%，考核学生完成任务的圆满程度，是否完成所有任务。

综合素质：占总分的 10%，考核学生文明施工、爱护环境等综合素质。

六、知识拓展

常用家具辅料：主要包括各种钉、砂纸等。

钉：家具的钉有圆钉、木螺钉、气钉、钢排钉等。

圆钉：采用优质低碳钢制造，家具生产常用的胶钉接合时，一般是用的就是圆钉。如图 4-27 所示。

圆钉的规格见表 4-30 所示：

直径：1.8～4.5mm

长度：16～150mm

图 4-27 圆钉

表 4-30 圆钉规格表

号	长度（mm）	直径（d）
1	10	1.0
1.5	15	1.2
2	20	1.4
2.5	25	1.6
3	30	1.8
3.5	35	2.0
4	40	2.2
4.5	45	2.5
5	50	2.8
6	60	3.2
7	70	3.8
8	80	4.2
9	90	4.5
10	100	5.0
12	120	5.6
14	140	6.0
16	160	6.6
18	180	7.5
20	200	

木螺钉：这是一种专门针对木头而设计的钉子，进入木头后，会非常牢固地嵌入其中。它与机器螺钉相似，但螺杆上的螺纹为专用螺纹，可以直接旋入木质构件（或零件）中，用于把一个带通孔的金属（或非金属）零件与一个木质构件紧固连接在一起。这种连接也是属于可以拆卸连接。如图4-28所示。

常用木螺钉长度规格：15mm、25mm、30mm、35mm、40mm、50mm等。

气钉：气钉枪专用排钉，有直钉、蚊钉、U形钉（俗称马钉）。如图4-29所示：

直钉：木材、板材间的穿透连接。常用长度规格：20mm、25mm、30mm。

纹钉：3mm面板与木材或人造板的连接。常用长度规格：15mm、20mm。

马钉：木材、板材间的表面连接。

图4-28 螺钉

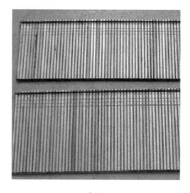

直钉

纹钉

马钉

图4-29 常用气枪钉

钢排钉：射钉枪专用钉，用于连接木材与木材、木材与墙面等。如图4-30所示。常用钢排钉有8个型号：

ST-18、ST-25、ST-32、ST-38、ST-45、ST-50、ST-57、ST-64。

砂纸：一种供研磨用的材料。用以研磨金属、木材等表面，以使其光洁平滑。通常在原纸上胶着各种研磨砂粒而成。根据不同的研磨物质，有金刚砂纸、人造金刚砂纸、玻璃砂纸等多种。干磨砂纸（木砂纸）用于磨光木、竹器表面。耐水砂纸（水砂纸）用于沾水打湿后砂磨油漆表面。

常用砂纸型号：180#、240#、400#、600#、1000#、1200#、1500#、2000#等。型号数字越大，细度也越高。1200～2000#适合于油漆打磨。如图4-31所示。

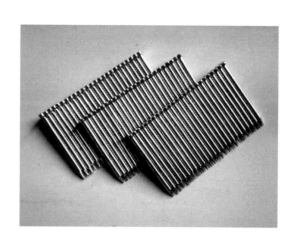

图4-30 钢排钉

干磨砂纸　　　　　　　　　　　　　　水磨砂纸

图 4 - 31　木工砂纸

七、巩固练习

1．名词解释

（1）暗铰链

（2）三合一连接件

（3）三节钢珠抽轨

2．简答题

（1）暗铰链按照遮掩侧板的程度分几类？有何特点？

（2）图示 Φ15 三合一连接件的组装尺寸图？（连杆长度 32mm）

（3）三合一和圆棒榫为什么要配合使用？

3．分析论述题

如何根据柜体尺度设计合适的抽屉尺寸，选择合适的抽屉滑轨？

项目二　厨柜五金材料

任务二　一套厨柜五金件的选择和数量统计

一、任务描述

厨柜作为特殊的家具产品，除了广泛使用的一般的家具五金外，还会使用许多专用五金。这些专用五金的使用，大大提升了厨柜的品质和使用的方便性。通过本任务的实施，要求学生掌握厨柜专用五金的种类及使用特点，具有正确选择和使用厨柜专用五金的专业技能，为厨柜设计奠定基础。

二、学习目标

知识目标：

（1）掌握厨柜专用五金件的种类、特点。

（2）具有分析、选择和使用厨柜专用五金件的专业知识。

（3）具有检验厨柜专用五金件质量的专业知识。

能力目标：

（1）能够选择和使用厨柜专用五金件。

（2）能够正确分析厨柜专用五金件的的特点及使用要点。

三、任务分析

课时安排：4 学时。

知识准备：厨柜专用五金件的种类、特点及使用。

任务重点：厨柜专用五金件的选择和使用。

任务难点：厨柜专用五金件的使用技术要点。

任务目标：能准确完成厨柜五金件的分类与数量统计，正确选择和使用厨柜五金件。

任务考核：分厨柜专用五金件的选择及特点描述、厨柜五金件数量统计两个方面考核，总分 60 分以上考核合格。

四、知识要点

常用厨柜五金：

（一）吊码

用于厨柜吊柜安装，常用型号见表 4-31 所示。

表 4-31　常用吊码型号表

序号	产品图	说明
1		内置明装吊码： ◆ 由吊码、吊片组成、配套使用 ◆ 吊码安装于吊柜内，并螺钉固定于旁板上，吊片螺钉固定于墙面上 ◆ 吊码可以前后锁紧调节、上下高低调节及左右位置调节
2		暗装吊码： ◆ 由吊码、吊片组成、配套使用 ◆ 吊码安装于吊柜背板后，并固定于旁板上，吊片螺钉固定于墙面上 ◆ 吊码可以前后锁紧调节、上下高低调节及左右位置调节 ◆ 塑料盖遮盖吊码调节孔，柜内不可见吊码

（二）抽屉

抽屉系统是厨柜五金的核心。抽屉强大的分类收纳功能，满足厨房储物需要的同时，也带给人们使用的方便性。

1. Hettich 抽屉系统分类

Hettich 抽屉系统分为四个系列：见表 4-32 所示。

表 4-32　Hettich 抽屉系统

序号	系　列	图
1	ArciTech 双层钢抽屉系统： 材质：喷粉钢、银色、白色、炭黑色、不锈钢色 抽屉侧帮高度：94/186/218　基本长度：270～650mm 抽屉轨道：Actro　承重：40/60/80kg 静音阻尼☑　退弹开启☑　Easys 电动开启☑	
2	InnoTech 双层抽屉系统： 材质：喷粉钢、灰色、白色 抽屉侧帮高度：54/70/144　基本长度：260～620mm 抽屉轨道：Quadro　承重：30/50/25kg 静音阻尼☑　退弹开启☑　Easys 电动开启☑	
3	MultiTech 单层抽屉系统（钢板抽）： 材质：喷粉钢、银色、白色、炭黑色 抽屉侧帮高度：54/86/118/150/214 基本长度：250～550mm 抽屉轨道：滚轮滑轨　承重：30/25kg 静音阻尼☑　退弹开启☒　Easys 电动开启☒	
4	Easys 调动开启抽屉系统： 用于 ArciTech、InnoTech 和 Quadro 木抽 具有静音阻尼系统　退弹开启功能 包括：支架套、弹出装置、安装支架、分配器、电源装置、面板缓冲器、柜体侧缓冲器、传感器、防撞装置按钮、背板支架、电源托架、电源线、电缆线等	

2. Hettich InnoTech 双层抽屉系统简介

◆ InnoTech 双层抽屉采用喷粉钢制成，有银色、白色、炭黑色等三种颜色可选。

◆ InnoTech 双层抽屉系统广泛用于智能厨房，作为抽屉、锅碗抽屉、内抽、锅碗内抽。

◆ InnoTech 双层抽屉系统可用作垃圾分类组件。

InnoTech 双层抽屉系统用于智能厨房的系列产品见表 4 - 33 所示。

表 4 - 33　InnoTech 用于智能厨房的系列产品

 抽屉：高度 54	 抽屉：高度 70	 带纵向杆的锅碗抽屉：高度 114
 带 DesignSide 易捷换加高 侧板的锅碗抽屉　高度 144	 带纵向杆的锅碗抽屉　高度 176	 带 DesignSide 易捷换加高 侧板的锅碗抽屉　高度 176
 内抽 100　高度 70	 内抽 100　高度 70	 带纵向杆的锅碗内抽 100　高度 114
 带纵向杆的锅碗内抽 200　高度 114	 带 DesignSide 易捷换加高 侧板的内抽　高度 144	 带切割地板锅碗抽屉　高度 144

（续表）

 OrgaFlex水槽小管家　高度144	 XXL"大力神"抽屉	 烤箱下方专用XXL"大力神"抽屉
 厨房高柜抽屉	 厨房储藏柜抽屉	 厨房抽屉内部分隔组件
 厨房锅碗抽屉、锅碗内抽内 部分隔组件	 厨房抽屉内部分隔组件 研磨瓶、储物罐	

3. Hettich InnoTech常用双层抽屉系统构成

（1）InnoTech双层抽屉：见图4-32所示。

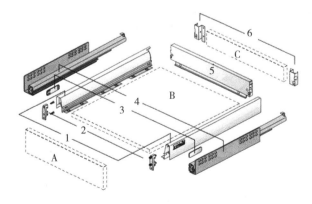

图4-32　InnoTech双层抽屉构成图

1-抽屉侧帮、左和右；2-面板连接件2个、连接面板与侧帮；3-装饰盖板2个；

4-Quadro抽屉滑轨；5-钢质背板（斗尾）或选C；6-背板连接件、左和右

A-面板（斗面）；B-底板（斗底）、厚度16mm；C-可选木质背板、厚度16mm

（2）带纵向杆的锅碗抽屉：见图 4 - 33 所示。

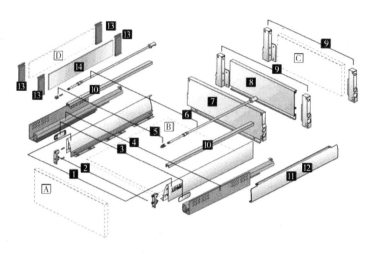

图 4 - 33　带纵向杆的锅碗抽屉构成图

1-抽屉侧帮、左和右；2-面板连接件 2 个、连接面板与侧帮；3-装饰盖板 2 个；

4-Quadro 抽屉滑轨；5-抽屉面板连接件，连接纵向杆；6-纵向杆 2 根；7-钢质背板（斗尾）可选

备选：8-铝质背板或木质背板 C　9-背板连接件 2 个、左和右

可选配件：10-可以选配件装饰条 2 根；11-可选配件钢质 TopSide 顶易换加高侧板

备选 1：12-塑料 TopSide 顶易换加高侧：1 套或 2 片

备选 2：13-TopSide 顶易换加高侧板通用支座；14-玻璃、TopSide 顶易换加高侧板

备选 3：D-个性化任选材质 TopSide 顶易换加高侧板；13-TopSide 顶易换加高侧板通用支座；

A-面板（斗面）；B-底板（斗底）、厚度 16mm；C-木质背板、厚度 16mm；

D-个性化任选材质 TopSide 顶易换加高侧板（厚度 4mm）

（3）带 DesignSide 易捷换加高侧板的锅碗抽屉：见图 4 - 34 所示。

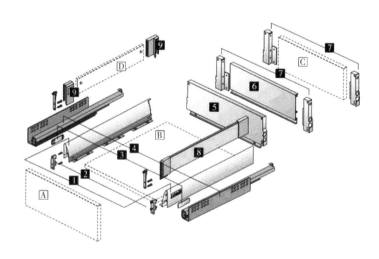

图 4 - 34　带 DesignSide 易捷换加高侧板的锅碗抽屉构成图

1-抽屉侧帮、左和右　2-面板连接件 2 个、连接面板与侧帮

3-装饰盖板 2 个　4-Quadro 抽屉滑轨；5-刚质背板

备选：6-铝质背板或 C-木质背板；7-背板连接杆、左和右；8-玻璃、TopSide 顶易换加高侧板

备选：D-个性化任选材质 DesignSide 易捷换加高侧板和；9-DesignSide 易捷换加高侧板配件

A-面板（斗面）；B-底板（斗底）、厚度 16mm；C-木质背板、厚度 16mm

D-个性化任选材质 DesignSide 易捷换加高侧板（厚度 6mm）

（三）踢脚线与调整脚

厨柜和一般家具相比，厨柜必须设计成装脚结构，使用调整脚和踢脚线。一方面是防水防潮的需要，另一方面也是满足厨柜安装调平调直的需要。常用的调整脚和踢脚线见表 4 - 34 所示。

表 4 - 34　厨柜常用调整脚和踢脚线

序号	产品及使用说明
1	 塑料调整脚：◆ 高度 70/100/120/140mm 等，调整高度可达 0～50mm 　　　　　　◆ 强度好、耐水湿
2	 金属调整脚：◆ 高度 80/100/120mm 等，调整高度较小，0～20mm 　　　　　　◆ 强度好、耐水湿
3	 踢脚线：◆ 材质有：塑料踢脚线、铝合金踢脚线 　　　　◆ 高度 100/120mm 等，与调整脚高度配套 　　　　◆ 与调整脚用专用调整脚卡连接（金属调整脚不安装踢脚板）
4	 踢脚线转角（接头）：◆ 材质有：塑料、铝合金，与踢脚线颜色、材质配套 　　　　　　　　　◆ 高度与踢脚线高度配套

（四）专用五金

主要包括拉篮、转篮、挂件等，详见表4-35至表4-46所示。

表4-35　地柜侧身拉篮

名　称	配件尺寸	柜体内宽	柜体尺寸
小号侧拉篮	D475×W140×H430	165	200
中号侧拉篮	D485×W220×H566	225	260
大号侧拉篮	D475×W245×H420	265	300
大号侧拉篮	W240×D450×H430	315	350

说明：侧拉篮的轨道安装在侧板上，门板不与拉篮连接，篮子挂卡在侧面轨道上，高度一般可调

表4-36　地柜侧抽篮

名　称	配件尺寸	柜体内宽	柜体尺寸
小号侧抽篮	W105×D480×H560	115	150
中号侧抽篮	W155×D480×H560	165	200
中号侧抽篮	W230×D470×H530	265	300
大号侧抽篮	W330×D470×H530	365	400

说明：侧抽篮的轨道安装在侧板上，门板与拉篮连接抽出，取放物品较方便

表4-37　地柜抽屉拉篮

名　称	配件尺寸	柜体内宽	柜体尺寸
窄抽屉拉篮	W95×D475×H510	115	150
中号抽屉拉篮	W245×D475×H510	265	300
大号抽屉拉篮	W340×D450×H530	365	400

说明：抽屉篮一般是三层设计，门板与拉篮、底架相连接，推拉方便，适合于放置较低的物品

表4-38　多功能抽屉拉篮

名　称	配件尺寸	柜体内宽	柜体尺寸
小多功能拉篮	D450×W175×H475	165	200
小多功能拉篮	D430×W247×H470	265	300
中多功能拉篮	D445×W300×H460	315	350
中多功能拉篮	D435×W345×H490	365	400
大多功能拉篮	D445×W395×H455	415	450

说明：多功能抽屉篮是调味品、刀叉、菜板等理想的收纳场所，功能强大、用途广，设计在灶台、水槽附近，使用顺手方便

表 4 - 39　地柜 180°转盘

名　称	配件尺寸	柜体内宽	柜体尺寸
180°转盘	W675×D385×H（480—800）	700	750
180°转盘	W740×D415×H（600—900）	800	850
180°转盘	W850×D470×H495	860	900
说明：转盘设计在厨柜转角处，用于解决厨柜角部存取物品不便之烦恼。门板与转盘相连，门板开启时转盘绕中轴旋转，相连门板的宽度一般不低于 400			

表 4 - 40　地柜 270°转盘

名　称	配件尺寸	柜体内宽	柜体尺寸
270°转盘	Φ675×H（480—800）	700	750
270°转盘	Φ710×H（600—900）	720	800
270°转盘	Φ700×H（630—690）	720	900
说明：			

表 4 - 41　地柜三边拉篮

名　称	配件尺寸	柜体内宽	柜体尺寸
三边抽屉篮	W365×D455×H180	368	400
三边抽屉篮	W565×D455×H220	568	600
三边炉台拉篮	W495×D410×H140	565	600
三边炉台拉篮	W615×D410×H140	685	720
三边炉台拉篮	W645×D410×H140	715	750
三边炉台拉篮	W695×D410×H140	765	800
三边炉台拉篮	W795×D410×H140	865	900
说明：三边拉篮俗称三边炉台拉篮，设计在灶台下面，是收纳锅、碗、盘的理想场所，抽屉面板与拉篮开口的一面相连，推拉方便，拉篮下面配有滴水盘，避免滴水浸湿柜体			

表 4 - 42　地柜四边拉篮

名　称	配件尺寸	柜体内宽	柜体尺寸
四边炉台拉篮	W495×D410×H150	565	600
四边炉台拉篮	W615×D410×H150	685	720
四边炉台拉篮	W645×D410×H150	715	750
四边炉台拉篮	W695×D410×H150	765	800
四边炉台拉篮	W795×D410×H150	865	900
说明：四边篮与三边篮功能用途相同，区别在于四边篮一般设置在灶台下面的双开门内，拉篮不与门板相连			

表 4 - 43　特殊厨柜配件

配件样式			
名称	地柜转盘小怪物	联动转角小怪物	联动转角小怪物
规格	W86×D495×H（600－750）—柜体宽度 900－1000 分左右、用于地柜转角	W（860－960）×D480×H560—柜体宽度 900－1000 分左右、用于地柜转角	W（860－960）×D480×H560—柜体宽度 900－1000 分左右、用于地柜转角
配件样式			
名称	地柜转篮	多功能组合拉篮	水槽拉篮
规格	门板对折后轻松转入柜体，旋转自如，关闭时自动复位；托盘高度位置可调节，可选配空间分隔器、锅盖收纳架	W46×D400×H（600－630）—柜体宽度 500 高度可调、内置推拉式，尤适合收纳高大的物品	W695（795）×D450×H140—柜体宽度 800（900）有三边拉篮、四边拉篮两种，用于收纳洗涤用品等

　　有关铝合金拉篮，其类别、功能、尺寸均与不锈钢拉篮、铁镀镍拉篮相似，只是材质、结构有所区别，如表 4 - 44 所示。

表 4 - 44　铝合金拉篮

配件样式		
名称	多功能抽屉拉篮	三边炉台拉篮	四遍炉台拉篮
规格	150/200/300/350/400	720/750/800/900	720/750/800/900

表 4－45　地柜米箱

米箱样式			
名称	不锈钢侧出米米箱	不锈钢前出米米箱	电子可计量不锈钢米箱
规格	W155×D450×H510－柜体宽度200	W155×D450×H510－柜体宽度250	D425×W155×H535－柜体宽度200
	W230×D380×H470－柜体宽度300	W230×D380×H470－柜体宽度300	D415×W190×H510－柜体宽度250

表 4－46　地柜垃圾桶

垃圾桶样式			
名称	斜开式垃圾桶	抽拉式分类垃圾桶	旋开式不锈钢垃圾桶
规格	W250×D320×H380	W330×D410（460）×H350	W300×D300×H350－11L
	箱体宽度300	箱体宽度400	W270×D270×H320－7L
垃圾桶样式			
名称	旋开式塑料垃圾桶	嵌入式不锈钢台面垃圾桶	旋转分类环保垃圾桶
规格	W270×D240×H300－5.5L	Φ270×260－5.5 开孔 Φ245	W55×D360×H330
	W300×D280×H330－7.5L	Φ295×280－7.5 开孔 Φ255	箱体宽度600

五、任务实施

（一）工作准备

设计准备：厨柜施工图一套。见图 4-35 所示。

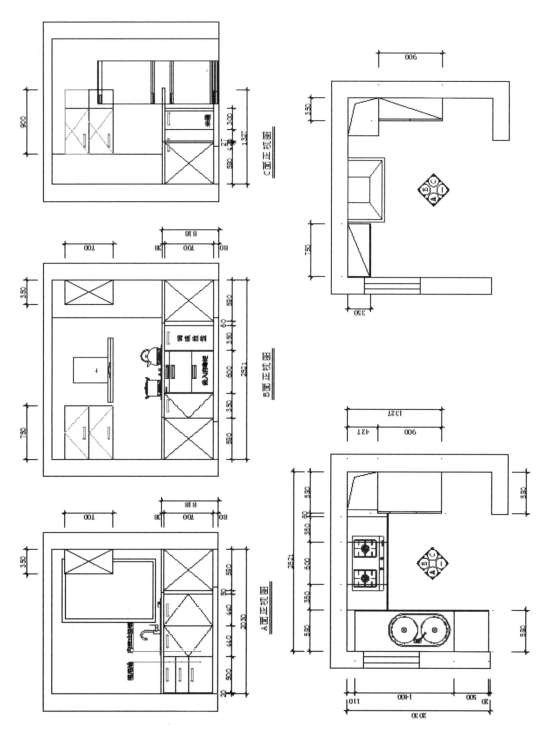

图 4-35

材料准备：吊码、塑料调整脚、金属调整脚、上翻门支撑、骑马抽、300 宽调味拉篮、800 炉台拉篮、铰链、拉手、垃圾桶、米箱、踢脚线等。

（二）任务实施

1. 该套厨柜所需五金件的选择

表 4-47　该套厨柜所需五金件的选择

年　月　日

序号	五金件名称	特点与应用
1	吊码	
2	塑料调整脚	
3	金属调整脚	
4	上翻门支撑	
5	铰链	
6	拉手	
7	骑马抽	
8	300 调味拉篮	
9	800 炉台拉篮	
10	垃圾桶	
11	米箱	
12	踢脚线	

适合该厨柜使用的专用五金：

制表人

2. 该套厨柜所需五金件的种类与数量统计表

年　月　日

表 4-48　该套厨柜所用厨柜专用五金件的种类与数量统计

序号	连接件名称与规格	数量
1		
2		
3		
4		
5		
6		
7		
8		
9		
10		

制表人

（三）成果提交

（1）该套厨柜所需厨柜五金件的选择表。

（2）该套厨柜所需五金件的种类与数量统计表。

（3）成果考核：提交成果按百分制评定成绩，分为准确性、完整性、综合素质三个方面评价。

正确性：占总分的 50%，考核学生完成任务的正确程度。

完整性：占总分的 40%，考核学生完成任务的圆满程度，是否完成所有任务。

综合素质：占总分的 10%，考核学生文明施工、爱护环境等综合素质。

六、知识拓展

（一）常用厨柜材料统计一览表

表 4-49

类别	材料名称	材料规格	主要特点与应用
门板材料	实木门板	定制尺寸，不宜超宽、超长	天然环保，纹理美观，使用性能优，无封边，门板造型丰富
	烤漆门板		
	金刚 UV 板	大板尺寸：1220×2440×18	耐磨性好、色泽光亮、使用性能优、有封边、限平板门
	吸塑门板	任意尺寸、中密板基材	无封边、整体感好、表面耐磨性及耐高温性较差、门板造型丰富
	水晶（亚克力）门板	任意尺寸、细木工板基材	同色同材质封边、色泽光亮、使用性能优、整体性好、限平板门
	晶钢门板	任意尺寸、铝框门	无封边、铝框门不变形、晶钢板亮光耐磨
	线框门	任意尺寸、中密度基材	门板造型美观、无封边、表面耐磨耐高温性较差、同色同质整体性好
	三聚氰胺彩饰板	任意尺寸、大板 1220×2440×18	有封边、美观、使用性能优、限平板门
台面材料	聚酯人造石	2440/3050×760×12.7	美观、拼接无痕、无毛细孔、不吸不渗、易开裂、加工性好
	亚克力人造石	2440/3050×760×12.7	美观、拼接无痕、无毛细孔、不吸不渗、不开裂、加入三氧化二铝耐磨性好，加工性较差
	石英石	2440/3050×760×15～18	美观、拼接性较差、无毛细孔、不吸不渗、不开裂、耐磨性好、加工性较差
	天然石	加工规格	拼接性差、有毛细孔、耐磨耐久、吸油吸污、部分有辐射
	抗倍特台面	1220×2440×6/9/12/15	美观、耐磨耐酸碱盐、耐高温、不开裂不变形、不吸不渗、拼接有痕、加工性较差
柜体材料	实木柜体（指接板）	1220×2440×16/18、实木基材	环保、耐水耐久、加工性好、需油漆涂饰
	生态板	1220×2440×15/18、多层板/细木工板基材	美观、环保、耐久耐水、耐酸碱盐、需封边、免油漆涂饰
	SQ 浸渍纸饰面刨花板	1220×2440×16/18、刨花板基材	美观、耐磨、耐高温、耐酸碱盐、吸水吸湿膨胀、需封边、免油漆涂饰

（二）几种厨柜门板简介

1. 实木门板

实木门板是指以天然木材或天然薄木为表面材料加工而成的一类厨柜门板材料。一般是由门框和门芯板组成。常见的有以下几种情况：

一种是天然优质原木为边框材料构成门框，如樱桃木、胡桃木、橡木、枫木、柚木、花梨木等；门芯板一般以中密度纤维板为基材，双面采用同边框材质相同的微薄木饰面制造。边框采用整体榫结合，芯板采用嵌板结构组成。

另一类是以中密度纤维板为基材（门框采用 18mm 的中密度纤维板、芯板采用 9mm 的中密度纤维板），表面采用天然薄木饰面，边框采用插入榫与胶结合，芯板采用嵌板结构组成。也有一些厨柜厂家采用实木指拼板直接加工实木门板，不用拼框、嵌板，加工工艺简单。门板的花纹特征也没有上面的两种情况美观，由于拼板色差较大，不适合于本色、浅色涂饰。

实木门板的整体厨柜，风格多以古典风格、自然风格为主。门板花纹、色泽优美，表面装饰以透明油漆涂饰为主，使木材的纹理特征和门板的造型尽善尽美地表现出来，获得古朴、典雅、自然的特殊视觉效果。天然木材优异的理化性能和环保健康性能，成为厨柜门板中的高档产品。如图 4-36 为博德宝厨柜于 1968 年开发的实木门板整体厨柜。

图 4-36　博德宝实木门板整体厨柜（1968 年）

2. UV 板

UV 板是以中密度纤维板为基材，表面采用 UV 漆涂饰饰面制成的厨柜门板。

UV 漆又称光固化漆或光敏漆，是一种在紫外线照射下即能固化的有机油漆涂料。它是由反应性预聚物（或称光敏树脂，如不饱和聚酯、丙烯酸环氧酯、丙烯酸聚氨酯等）、活性稀释剂（如苯乙烯等）、光敏剂（如安息香及其醚类，安息香乙醚）以及其他添加剂组成的一种单组分涂料。当将 UV 漆喷涂或淋涂到家具或部件表面，再利用紫外线照射，在 3～5min 内，漆膜即发生固化反应。漆膜干燥时间短，不含挥发性溶剂，即干即收即包，效率高，适合于机械化涂装。

UV 板性能优良，主要表现在：

（1）漆膜硬度高，一般聚酯漆膜表面硬度只有 2—4H，而 UV 漆表面硬度高达 4—8H。具有很好的耐磨、耐划、耐擦洗性能。

（2）漆膜色彩鲜艳、光泽度极好，丰满度高、手感舒适。

（3）底漆厚实，附着力好，适合于平板门的涂装。

（4）UV 漆固化速度快，无溶剂挥发，不污染环境。

UV 板门板是理想的厨柜门板材料，近几年发展很快，是烤漆门板的替代品。如图 4 - 37 所示，木纹纸饰面的 UV 板。

图 4 - 37　木纹纸饰面 UV 板

3. 晶钢板

晶钢门板是以天然石英为材料，使用进口设备二次超高温加工成型，产品厚度是 4mm 的薄型装饰板材。

晶钢门板具有如下特点：

◆ 强度高、表面坚硬、耐磨。

◆ 耐高温。

◆ 色彩鲜艳，光滑透光，装饰效果光鲜华丽。

◆ 厚度薄，仅 4mm，重量轻。

◆ 晶钢门板采用高温电泳的铝合金框架，外观独特，耐氧化，用专用配件组装一体，外表不用螺丝，免于生锈之忧。

◆ 晶钢门板不会变形，这是由于采用铝合金包边和晶钢板的高强度决定的。晶钢框架门用晶钢板材、铝合金作骨架，不吸潮且温度膨胀系数很小，所以不会产生变。如图 4 - 38 所示。

图 4 - 38　厨柜晶钢门板

4. 吸塑门板

吸塑门板亦称 PVC 模压门板。是以中密度纤维板为基材，背面以三聚氰胺浸渍纸饰面（单饰面中密度纤维板），正面经铣削、雕花、打磨、喷胶后，再真空覆 PVC 膜饰面而制成的厨柜门板。

中密度板表面光滑、内部结构致密均匀，适合于雕花、铣削加工各种复杂的线形图案，增加门板表面的造型，赋予门板各式不同的风格特性（现代简约风格、欧式古典风格、中式古典等）。

PVC 膜色彩、花纹、质地、光泽丰富多彩，色泽均匀、纹理逼真、单色色彩鲜艳等优良特性，赋予吸塑门板突出的装饰性能；PVC 膜防水、防潮、抗污、耐磨、耐温等优异的理化性能，赋予吸塑门板良好的使用性能。

真空模压工艺，对门板完成五面包覆，不需封边，整体感好，被誉为"无缺陷的门板"。所以吸塑门板是综合性能优异的厨柜门板，是欧洲非常成熟也非常流行的一种厨柜门板材料。

如图 4-39 是一款现代风格的吸塑门板整体厨柜，单色高光吸塑门板。图 4-40 是一款欧式古典风格的吸塑门板整体厨柜，门板吸塑后的做旧工艺（门板花型腹膜后用进口油性修饰笔上色），突出了整体厨柜的风格个性。

图 4-39　亮光吸塑门板厨柜

图 4-40　欧式古典吸塑门板厨柜

5. 线框门

包覆线框门板的门框是以中密度纤维板为基材，加工成所需的断面形状，然后通过包覆机，对线框用 PVC 作四面包覆饰面，即构成了线框门的边框材料。

使用时按门板尺寸加工边框尺寸（两支立框和上下帽头），采用插入榫与胶结合构成门框。嵌入的门芯板采用双饰面（三聚氰胺浸渍纸饰面）板或 PVC 饰面中密度板。

包覆线框门板的优点是色彩丰富，边框与双饰板任意搭配，充分体现个性时尚，克服了平板门呆板无变化的缺陷。线框简洁、嵌入的芯板牢固稳定，不变形且无需封边，具有实木门的效果，是一种高档的厨柜门板材料。图 4-41 为包覆线框门及线框门整体厨柜。

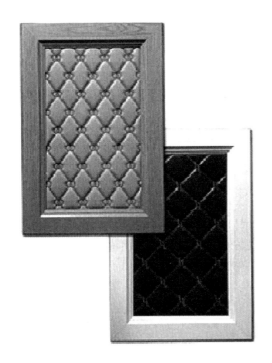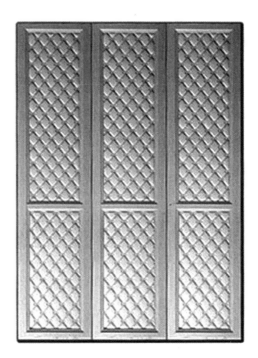

PVC 包覆线框门

图 4-41 PVC 包覆线框门厨柜

6. 烤漆门板

烤漆门板是以单饰面（或双饰面）中密度纤维板为基材，表面采用油漆涂饰装饰制作而成的厨柜门板。

目前用于厨柜的"烤漆"仅说明了一种工艺，即喷漆后经过进烘房加温干燥的油漆处理技术。由于油漆涂饰装饰成膜性能优异，门板表面可以铣削、雕花加工各种复杂的线形，赋予门板丰富的造型特征；油漆涂料色泽鲜艳、光泽度好，手感舒适，具有很好的视觉冲击力；漆膜采用高温固化，硬度较常温固化高，门板耐磨、耐擦洗性能较好；门板实现五面（或六面）封闭，整体感好，无封边缺陷、防水性能佳，被视为"完美的厨柜门板"。

烤漆门板一般都是单色门板，光泽有高光、亚光、半光之分。高光有单色高光、高光闪银两种。如图 4-42 所示。

图 4-42　亮光的烤漆门板

烤漆用的油漆有聚氨酯油漆（PU）、不饱和聚酯漆（PE）两种。图 4-43 所示为烤漆门板厨柜。

图 4-43　烤漆门板的整体厨柜

7. 亚克力门板

亚克力也叫 PMMA 或者亚加力、有机玻璃，化学名称为聚甲基丙烯酸甲酯。是一种热塑性塑料，具有很好的透明性、化学稳定性和耐候性，易染色，易加工，外观优美，在建筑装饰业中有着广泛的应用，如户外广告牌等。

亚克力门板也叫水晶门板。纯亚克力门板除了无与伦比的高光亮度外，还有下列优点：色泽饱满、立体感强、硬度高、韧性好，不易破损，且具有可修复性，可满足不同品位的个性追求。

亚克力厨柜门板优势表现在：

◆ 亚克力厨柜门板耐候及耐酸碱性能好，对自然环境适应性很强，即使长时间日光照射、风吹雨淋也不会使其性能发生改变，抗老化性能好，室内外均可使用。

◆ 亚克力厨柜门板寿命长，与其他材料制品相比，寿命长三年以上。

◆ 亚克力厨柜门板透光性佳，无色透明有机玻璃板材，透光率达 92% 以上。

◆ 亚克力厨柜门板抗冲击力强，是普通玻璃的十六倍，适合安装在特别需要安全的地带。

◆ 亚克力厨柜门板绝缘性能优良，亚克力板色彩艳丽、高亮度，是其他材料不能媲美的。

◆ 亚克力厨柜门板加工性能良好，可塑性强，造型变化大，容易加工成型。

◆ 亚克力厨柜门板可以染色，表面可以喷漆、丝印或真空镀膜。所以亚克力厨柜门板品种繁多、色彩丰富，并具有极其优异的综合性能。

◆ 亚克力厨柜门板无毒。即使与人长期接触也无害，还有燃烧时不产生有毒气体。图 4-44 所示为亚克力厨柜门板效果图。

图 4-44　进口亚克力厨柜门板

七、巩固练习

1. 名词解释

（1）拉篮

（2）吊码

（3）米箱

（4）调整脚

2. 简答题

（1）厨柜拉篮分为哪几类？并简述其功能作用？

（2）厨柜为何要使用调整脚？

（3）为何常常将厨柜吊柜门设计成上翻门？

3. 分析论述题

如何根据厨柜转角柜的设计形式选择合适的厨柜五金？

模块五　其他家具材料

项目一　无机类家具材料：玻璃、石材、金属等

任务一　衣柜移门内饰玻璃材料的选择

一、任务描述

玻璃是家具生产常用材料之一，利用其透光透视性和优异的装饰性，调整家具的体量感和通透性，广泛用于书柜门、酒柜门、装饰柜门、衣柜移动门、折叠门。通过该任务的实施，使学生掌握装饰玻璃的种类及其性能特点，具有合理选择和使用装饰玻璃的专业技能。

二、学习目标

知识目标：

（1）掌握玻璃的构成与分类，装饰玻璃的种类、特点及应用。

（2）具有分析装饰玻璃性能特点的专业知识。

能力目标：

（1）能够选择和使用装饰玻璃。

（2）能够正确分析装饰玻璃的性能特点。

三、任务分析

课时安排：4学时。

知识准备：装饰玻璃的种类、性能特点及应用。

任务重点：装饰玻璃的选用。

任务难点：装饰玻璃的特性。

任务目标：能准确分析装饰玻璃的特性，具有合理选用使用装饰玻璃的专业技能。

任务考核：分装饰玻璃的识别和特性描述、移门内饰装饰玻璃的选用两部分考核，各占 50 分，总分 60 分以上考核合格。

四、知识要点

（一）玻璃的组成、性质与分类

1. 玻璃的组成与特点

玻璃是以石英砂、纯碱、长石和石灰石等为主要原料，在 1550℃～1600℃高温下熔融、成型并经急冷而制成的固体材料。

玻璃作为建筑装饰及家具材料具有如下特点：

（1）具有优异的透光透视性。利用这一特性作为采光隔断、门窗材料，如书柜、酒柜、装饰柜常设计成玻璃门。

（2）优异的装饰性。可以制造有色透明玻璃、有色不透明玻璃，玻璃表面可以通过喷砂、压花、转印、腹膜、酸蚀等多种方法使其表面具有颜色、花纹和图案。玻璃和不锈钢等材料，是现代简约风的代表材料之一。

（3）具有热加工性。对玻璃进行热加工处理，可以制作钢化玻璃、热弯弧形玻璃等。

（4）具有优异的耐磨性、较高的化学稳定性。

（5）玻璃性脆易裂，抗冲击能力差，一般通过钢化处理，提高其强度。

2. 玻璃的性质

（1）玻璃的基本物理性质——密度与空隙

玻璃是混合物，也不是晶体，它没有确定的密度，不同的玻璃密度不同，平板玻璃密度的一般范围是 $2.5～3.0 g/cm^3$，石英玻璃密度最小，仅为 $2.21 g/cm^3$，而含有大量 PbO 的重火石玻璃可达 $6.5 g/cm^3$，某些防辐射玻璃的密度可达 $8 g/cm^3$，普通钠钙硅玻璃的密度为 $2.5 g/cm^3$ 左右。

随着温度的升高，玻璃的密度随之下降。对一般工业玻璃，当温度自室温升高到 1300℃时，密度下降约为 6%～12%。在弹性变形范围内密度的下降与玻璃的热膨胀系数有关。玻璃的密度不仅与温度有关，而且与热处理有关。

玻璃是没有孔隙的无机材料，密实度高，不吸水、不吸湿。

（2）玻璃的光学性质

玻璃作为一类特殊的材料，具有优异的光学性质，具体表现在对光的透射、反射和折射特性。

玻璃的透光性：提及玻璃的透光性往往被人们误认为是透明性。其实玻璃的透光性和透明性是不同的两个概念，透光不一定透明。玻璃的透光性是指光线穿透玻璃的能力。普通透明玻璃透过大约 85% 的太阳能，不仅可以透过可见光，也能够透过近红外光和部分紫外光。它的辐射率 E＝0.84，吸收热辐射的能力很强，吸热后会再次向外辐射出这部分热能，且单片玻璃的 U 值高，对流传导的热量多，因此隔热性能差。

玻璃的透光性具有极好的装饰效果，应用玻璃的透光性，可使室内的光线柔和、恬静、温暖，消除室内光线过强对视觉的刺激与损伤。例如用压花玻璃装饰卫生间的门和窗，用磨砂玻璃作室内隔断，既能阻隔外界的视线，又能达到透光的效果。现代化建筑正在越来越多地运用玻璃的透光性。

玻璃的反射性：普通 5mm 无色玻璃的可见光反射率在 8%～10% 左右。所以普通玻璃反射太阳光的能力较低，要想提高普通玻璃反射光线与热量的目的，玻璃表面进行镀膜、贴膜处理，其反射率可达30%～40%，甚至可高达50%～60%。这种玻璃具有良好的节能和装饰效果。

玻璃的折射性：折射的产生是由于光在不同的传播介质中传播时速度不同，所以在以一定角度通过不同介质的分界面时产生折射。光线从空气中射入玻璃，透过玻璃进入空气，由于光线在空气和玻璃中传播的速度不同，光线就产生了折射。一般玻璃的折射率在1.5～1.7之间。

（3）玻璃的热学性质

玻璃的热学性质包括热膨胀系数、导热性、比热容、热稳定性以及热后效应等，其中以热膨胀系数较为重要，对玻璃制品的使用和生产都有着密切关系。

玻璃的热膨胀系数：物体受热后都要膨胀，其膨胀多少是由它们的线膨胀系数和体膨胀系数来表示的。玻璃按其膨胀系数大小分成硬质玻璃和软质玻璃两大类：

硬质玻璃 $\alpha < 60 \times 10^{-7}/℃$

软质玻璃 $\alpha > 60 \times 10^{-7}/℃$

玻璃的热膨胀系数在很大程度上取决于玻璃的化学成分，温度的影响也很大，此外还与玻璃的热历史有关。

比热：玻璃的比热反映玻璃吸收热量的能力。各种玻璃的比热介于335～1047J/（kg·K）之间。玻璃的比热常用于熔炉热工中计算燃料消耗量、热利用率等。

玻璃的导热性：玻璃的导热性反映玻璃传导热量的能力大小。物质的导热性以导热系数 λ 来表示。玻璃是一种热的不良导体，其导热系数较低，介于0.712～1.340［W/（m·K）］之间，导热系数主要决定于玻璃的化学组成、温度及其颜色等。

玻璃颜色的深浅对导热系数的影响也较大，玻璃的颜色愈深，其导热能力也愈小。这对玻璃制品的制造工艺具有显著的影响。

玻璃的热稳定性：玻璃经受剧烈温度变化而不破坏的性能称为玻璃的热稳定性。它是一系列物理性质的综合表现，而且与玻璃试样的几何形状和厚度也有一定关系。

玻璃本身的机械强度对其热稳定性影响亦很显著。凡是降低玻璃机械强度的因素，都会降低玻璃的热稳定性，反之则能提高玻璃的热稳定性。

淬火能使玻璃的热稳定性提高1.5～2倍，这是由于玻璃经淬火后，表面具有分布均匀的压应力，此种压应力可与制品受急冷时表面产生的张应力相抵消而致。

（4）玻璃的机械性能

玻璃的机械性能主要包括：玻璃的机械强度、玻璃的弹性、玻璃的硬度和脆性等。对玻璃的使用有着非常重要的作用。

机械强度：玻璃是一种脆性材料，它的机械强度可用耐压、抗折、抗张、抗冲击强度等指标表示。

玻璃之所以得到广泛应用，原因之一就是它的耐压强度高，硬度也高。由于它的抗折和抗张强度不高，并且脆性较大，使得玻璃的应用受到一定的限制。为了改善玻璃的这些性能，可采用退火、钢化（淬火）、表面处理与涂层、微晶化、与其他材料制成复合材料等方法。这些方法中有的可使玻璃抗折强度成倍甚至十几倍地增加。

影响玻璃强度的主要因素有：化学键强度、表面微裂纹、微不均匀性、结构缺陷和外界条件如温度、活性介质、疲劳等。

玻璃的弹性：材料在外力的作用下发生变形，当外力去掉后能恢复原来形状的性质称为弹性。

一般玻璃的弹性模量为（441～882）$\times 10^8$Pa。

玻璃的硬度：硬度可以理解为固体材料抵抗另一种固体深入其内部而不产生残余形变的能力。玻璃硬度的表示方法有：莫氏硬度（划痕法）、显微硬度（压痕法）、研磨硬度（磨损法）和刻化硬度（刻痕法）等。一般玻璃用显微硬度表示。

玻璃的硬度主要决定于化学成分及结构。在硅酸盐玻璃中，以石英玻璃为最硬，硬度在 $(67\sim120)\times10^8$ Pa 之间。含有 B_2O_3 $(10\sim14)\%$ 硼硅酸盐玻璃的硬度也较大。高铅的或碱性氧化物的玻璃硬度较小。

一般玻璃的硬度为 $5\sim7$（莫氏硬度）。玻璃的硬度同玻璃的冷加工工艺密切相关。例如玻璃的切割、研磨、抛光、雕刻等应根据玻璃的硬度来选择切割工具、磨料和抛光材料的硬度、磨轮的材质及加工方法等。

玻璃的脆性：玻璃的脆性是指当负荷超过玻璃的极限强度时，不产生明显的塑性变形而立即破裂的性质。玻璃是典型的脆性材料之一。

（5）玻璃的加工性质

玻璃的加工分为冷加工和热加工及表面处理等。

冷加工：冷加工是指在常温下，经过一系列机械或化学处置的手法来改动玻璃及玻璃制品的外形和外表状况，把玻璃制品加工至符合需求的技术进程。玻璃冷加工的根本办法有：切开、磨边、研磨、抛光、钻孔、洗刷、枯燥、丝网打印、喷砂、磨砂、彩绘、蚀刻等。

热加工：玻璃的热加工利用了玻璃的黏度、表面张力等因素会随着玻璃温度的改变而产生相应变化的特点，玻璃的热加工的形式有：烧口、火线切割与钻孔、火线抛光等。

表面处理：玻璃的表面处理是以平板玻璃为原片玻璃，经表面加工，改变玻璃某些性质的工艺措施。主要包括：

表面蚀刻、表面雕刻：使玻璃表面具有立体的花纹图案和颜色。

表面镀膜、表面贴膜：改变玻璃的反射性质，使玻璃具有较好的反射光线与热量的特点。

表面着色、表面喷涂、表面印花：使玻璃表面有颜色装饰效果。如喷绘玻璃、聚晶玻璃等。

表面磨砂、表面喷砂、表面压花：改变玻璃反射光线的性质，使玻璃从光滑的镜面反射成为漫反射，使玻璃透光而不透视。

3. 玻璃的分类

玻璃按其功能和用途的不同，可以分为：

（1）建筑装饰玻璃

它是建筑装饰工程应用面广、量大的材料之一，主要包括：

清玻——透明玻璃，用于建筑门窗、家具门窗等。

不透视的玻璃——采用压花、磨砂、喷砂、乳化等工艺，使玻璃的一个面变为漫反射表面，使其透光而不透视，用于建筑装饰隔断、门窗等。

装饰平板玻璃：采用着色、蚀花（酸蚀）、转印、覆膜、喷砂、涂饰等工艺，使玻璃表面具有色彩、花纹、图案等装饰效果。

安全玻璃：玻璃经过高温钢化、夹丝、夹层等工艺，提高玻璃的抗冲击强度，使玻璃破碎后无尖角、不飞溅，达到安全不伤人的目的。

保温绝热玻璃：中空玻璃（阻止热量传导原理）、有色吸热玻璃（吸收热量原理）、热反射玻璃（反射热量原理）。

镜子玻璃：玻璃磨光后背面涂汞、银而成，分为汞镜、银镜。

（2）建筑艺术玻璃

玻璃制成的具有建筑艺术性的屏风、花饰、扶栏、雕塑、马赛克等。

（3）玻璃建筑构件

主要是指玻璃空心砖、波形瓦、门、玻璃纤维增强塑料制品等。

（4）玻璃质绝热、隔音材料

泡沫玻璃、玻璃棉毡、玻璃纤维等。

家具材料主要使用的有清玻、装饰平板玻璃、透光不透视的玻璃、镜子及钢化安全玻璃。

（二）装饰平板玻璃的种类、性能特点与应用

家具工程主要使用平板玻璃，常用的品种包括：平板玻璃、磨砂玻璃、喷砂玻璃、压花玻璃、有色玻璃、覆膜玻璃、聚晶玻璃、彩釉玻璃等。

1. 平板玻璃

目前平板玻璃一般采用浮法工艺生产，产品厚度可在 2～25mm 范围内变化。浮法玻璃厚度均匀，上下表面平整光洁，能耗低，成品利用率高等。平板玻璃具有优异的透光透视性，是各种深加工玻璃的主要原材料，也可以直接钢化作为清玻使用，用于家具玻璃门。

平板玻璃主要采用浮法工艺生产，浮法玻璃以海砂、硅砂、石英砂岩粉、纯碱、白云石等为原料，在熔窑中以 1500℃～1570℃高温熔化后，将玻璃溶液引成板状进入高温锡槽，经过纯锡液面上延展进入退火窑，逐渐降温退火、切割制成。浮法玻璃表面平整光滑，无玻筋、玻纹，光学性质优良的平板玻璃。

2. 磨砂玻璃

磨砂玻璃又称为毛玻璃，它是将平板玻璃的表面经机械喷砂、手工研磨或用氢氟酸溶蚀等方法处理成均匀毛面的玻璃。由于表面粗糙，使光线产生漫射，只有透光性而不能透视，作为门窗玻璃可使室内光线柔和，不眩目、不刺眼。磨砂玻璃的毛面分单面和双面。

3. 喷砂玻璃

利用压缩空气将石英砂冲击玻璃的表面，使其原本光滑的表面变得凸凹不平，颜色遭冲击也变成乳白色，玻璃变得不透视。利用喷砂技术，可以生产花纹喷砂玻璃（喷砂的地方不贴胶膜纸，不喷的地方用胶膜纸覆盖），装饰效果好。如图 5-1 所示。

喷砂玻璃　　　　　　　　　　　　　　　　磨砂玻璃

图 5-1　喷砂玻璃和磨砂玻璃比较

4. 彩色玻璃与彩釉玻璃

彩色玻璃分为透明和不透明两种。

透明的有色玻璃是在原料中加入着色剂，即各种金属氧化物，按平板玻璃的生产工艺进行加工，使制成的玻璃带有绿色、蓝色、茶色，清澈透明，俗称"绿玻""南玻""茶玻"等，如图 5-2 所示。有时在玻璃原料中加入乳浊剂（如萤石等），可制得有色玻璃。白色的称乳化玻璃，它白净如玉，是透光而不透视的玻璃，如图 5-3 所示。

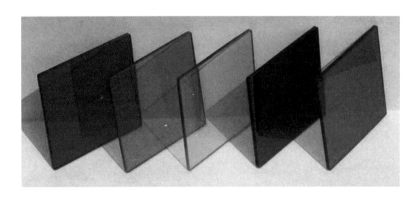

图 5-2　彩色玻璃

图 5-3　乳化玻璃

不透明的彩色玻璃（又称彩釉玻璃）是用 4～6mm 厚的平板玻璃按照要求的尺寸切割成型，然后经过清洗、喷釉、烘烤、退火而制成，如图 5-4 所示。

彩釉玻璃的颜色有红、黄、蓝、黑、绿、乳白等十多种，并可拼成各种花纹图案，产生独特的装饰效果。彩色玻璃具有耐磨、耐腐蚀、抗冲刷、易清洗等特点。

5. 压花玻璃

压花玻璃是将熔融的玻璃液在冷却过程中，通过带图案的花纹辊轴连续对辊压延而成。压花玻璃又称花纹玻璃或滚花玻璃，如图 5-5 所示。

按压花面划分，有单面压花玻璃和双面压花玻璃。压花玻璃的花纹品种繁多，具有透光不透视的特性，主要作为装饰玻璃使用。

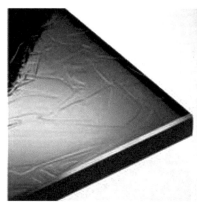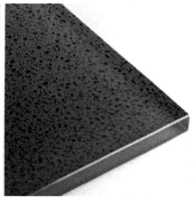

图 5-4　彩釉玻璃

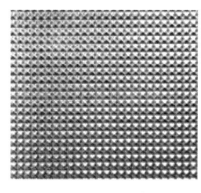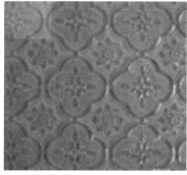

图 5-5　压花玻璃

6．聚晶玻璃

在平板玻璃的一面做不透明油漆喷涂处理，油漆中加入亮晶晶的颗粒，再经过高温烘烤干燥而制成的玻璃产品称为聚晶玻璃，如图 5-6 所示。

图 5-6　聚晶玻璃

7．花纹玻璃

以平板玻璃或压花玻璃为原料，经喷绘、酸蚀、膜压等工艺均可生产出花纹玻璃。花纹玻璃表面有花纹图案，可透光，但却能遮挡视线，即具有透光不透明的特点，有优良的装饰效果。特别是覆膜花纹玻璃，工艺简单，花纹图案可设计性强，是近年来衣柜移门的主要内饰材料，如图 5-7 所示。

图 5-7　花纹玻璃

8. 镀膜玻璃

镀膜玻璃也称为热反射玻璃。是将平板玻璃经过喷涂、浸渍和磁控真空溅射等方法，在平板玻璃表面涂以金、银、铜、铝、镍、铁等金属、金属氧化物或非金属氧化物薄膜；或采用电浮法、等离子法，向玻璃表面层渗入金属离子以置换玻璃表面层原有的离子而形成热反射膜。镀膜玻璃既具有较高的热反射能力，又能保持平板玻璃良好的透光性能，也称为镜面玻璃。如图 5-8 所示。

图 5-8　镀膜玻璃

它具有以下特点：

（1）对太阳热辐射具有较高的反射能力。

（2）良好的隔热性能。

（3）具有单向透视性：镀膜玻璃在迎光的一面具有镜子的特性（镜面玻璃由此而得名），而在背面的一侧具有普通玻璃的透明效果。

9. 贴膜玻璃

以平板玻璃为原料，表面贴有机膜的一类材料。膜按功能分有：装饰膜、隔热膜、防爆膜等，按工艺分有染色膜、夹胶膜、量子膜、原子膜等。如图 5-9 所示。

10. 镜子

镜子：镜子是一种表面光滑，具反射光线能力的物品。平板玻璃经表面处理后表面镀银所制成的产品。具有成像清晰逼真的特点。是居家必备的物品，也是理想的家具材料。

图 5 - 9　玻璃反射膜

五、任务实施

(一) 工作准备

设计图准备：设计移门款型 6 款。如图 5 - 10 所示，并编号（一）（二）（三）（四）（五）（六）。

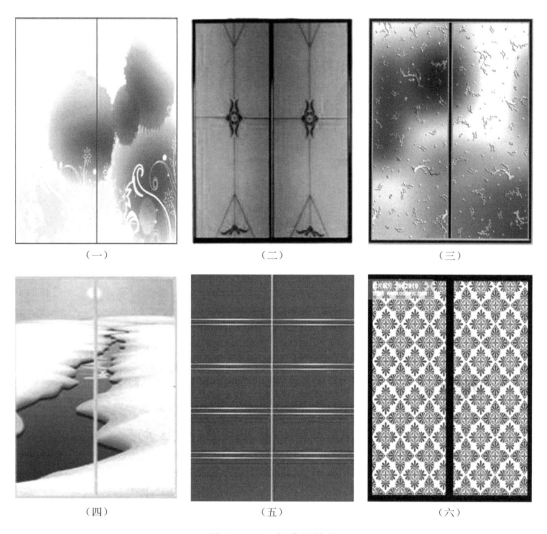

（一）	（二）	（三）
（四）	（五）	（六）

图 5 - 10　衣柜移门样式

玻璃材料小样准备：磨砂玻璃、喷砂玻璃、压花玻璃、聚晶玻璃、平板清玻、彩色玻璃、镀膜玻璃、覆膜花纹玻璃、磨砂装饰镜等，并按数字编号01～09。

（二）任务实施：衣柜移门内饰玻璃的选择

（1）移门玻璃内饰材料的识别及特点描述。根据材料编号，填写对应的材料名称于表5-1中，并描述其主要特点及应用。

表5-1 移门玻璃内饰材料的识别及特点描述表

年　月　日

样板编号	材料名称	特点描述与应用
01		
02		
03		
04		
05		
06		
07		
08		
09		

制表人：

（2）选择移门的内饰玻璃材料，并作简要说明如何达到设计效果，填写在表5-2中。

表5-2 移门内饰玻璃材料的选择表

年　月　日

门板编号	内饰材料 （表面材料＋中层材料＋背后材料）	说　明
一		
二		
三		
四		
五		
六		

制表人：

（三）成果提交

（1）移门玻璃内饰材料的识别及特点描述表。

（2）移门内饰玻璃材料的选择表

（3）成果认定：提交成果按百分制评定成绩，分为准确性、完整性、综合素质三个方面评价。

正确性：占总分的50%，考核学生完成任务的正确程度。

完整性：占总分的40%，考核学生完成任务的圆满程度，是否完成所有任务。

综合素质：占总分的 10%，考核学生文明施工、爱护环境等综合素质。

六、知识拓展

衣柜移门材料的选择和使用：

（一）铝合金移门材料概述

随着定制整体衣柜和衣帽间的快速发展，衣柜移动门是近年来发展起来的一类新型产品。移动门材料主要包括铝合金边框材料、移门内饰材料及五金配件等。

（二）铝合金边框材料的选择

1. 移动门铝框材料

移动门铝框包括边框、上横料、下横料、中撑等。见表 5-3 与图 5-11 所示。

表 5-3 衣柜移动门的组成材料表

边框	上轨		滑轮（上滑轮 下滑轮）
上、下横撑	下轨		防尘条
中横撑	内饰板		螺钉

边框：如图 5-12 所示，边框的样式很多，其基本功能都一样，是移动门的主体骨架材料。区别在于正面外露多少不一样，式样、颜色有所区别。

由于铝合金移门边框的花色较少，特别是木纹色不多。为解决铝合金边框与移门内饰板色泽、纹理一致的问题，就出现了包覆边框，它采用普通铝合金边框料、碳钢边框料，表面包覆 PVC 膜制成。其优点是色彩很丰富（主要是木纹色），能很好地实现框料与内饰板在颜色、花纹方面的同一性（内饰板采用相同的 PVC 膜饰面）。

选购铝合金移门边框，主要考虑：边框的样式、铝合金硬度、铝合金壁的厚度、外观颜色与花纹等因素。

（1）边框的样式根据个人爱好、边框与内饰板的协调等因素考虑。

（2）铝合金边框硬度的鉴别方法主要是看切口，切口光滑有光泽的型材，一般硬度较高。

（3）铝合金边框厚度的鉴别主要靠测量，一般厚度应大于0.7mm。

（4）铝合金边框的颜色与花纹应与衣柜、室内的整体颜色、花纹一致或协调。边框颜色和花纹的质量鉴别主要看外观效果，应力求边框色泽均匀、花纹逼真自然。

图 5-11　移动门组成结构图

图 5-12　移动门边框料

上横撑与下横撑：边框的横向连接材料。上横仅起横向连接作用，下横料起横向连接的同时，具有隐藏滑轮的作用（滑轮隐藏于下横料中空处）。

中撑：内饰材料上下分隔的连接横撑材料。

滑轨：分为上轨和下轨，是移动门的导向滑动材料。

配件：包括上滑轮、下滑轮、防撞胶条、玻璃胶条、防尘条等。

2. 内饰材料

移门内饰材料种类繁多，常用的有如下品种：

（1）吸塑板

吸塑板基材为密度板、表面经真空吸塑而成或采用一次无缝 PVC 膜压成型工艺。吸塑型衣柜门板色彩丰富，木纹逼真，色度纯艳，不开裂不变形，耐划、耐热、耐污、防褪色，是最成熟的衣柜材料，而且日常维护简单。吸塑门板是欧洲非常成熟也非常流行的一种衣柜材料。以木纹饰面为主。如图 5-13 所示。

图 5-13 吸塑门板衣柜移动门

（2）烤漆板

烤漆板基材是密度板，喷漆过后经过烘干房加温干燥处理的油漆门板。烤漆板经常作为衣柜门板材料，色彩效果突出，具有很强的视觉冲击力。以实色不透明涂饰，即单色涂饰效果。如图 5-14 所示。

图 5-14 烤漆移门内饰材料

（3）水晶板

水晶衣柜移门内饰板是由薄板基材（背层）＋白色防火板（中间层）＋亚克力（表面透明层）制成。装饰效果取决于耐火板的颜色和纹理，光泽取决于亚克力，晶莹剔透，表面柔和、色彩丰富是其主要的优点。如图 5-15 所示。

图 5-15　高光水晶移门内饰

（4）三聚氰胺彩饰板

以中密度纤维板、刨花板为基材，表面采用三聚氰胺浸渍纸饰面的薄板内饰材料（厚度 8、12mm）。三聚氰胺彩饰板色彩丰富，可以实现与柜体材料颜色、纹理、光泽的高度一致，同一配套性好，是移动门最常用的内饰材料。如图 5-16 所示。

图 5-16　三聚氰胺彩饰板内饰移门

（5）波纹板

有塑料材质的 PVC 波纹板，也有密度板雕刻加工成型后覆 PVC 膜的波纹板。波纹板的出现，使移门内饰从平面型转向立体型，增加了移门内饰的立体感。常用波纹板如图 5-17、图 5-18 所示。

图 5-17　波纹板衣柜移动门

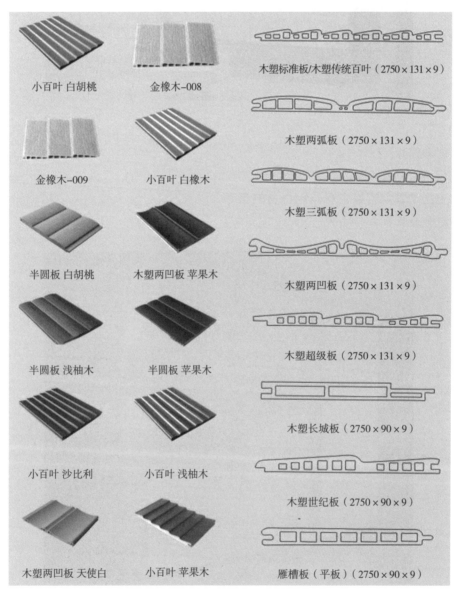

图 5-18　移门内饰波纹板

（6）金属板

以中密度纤维板为基材，表面饰贴经特殊氧化处理，精细拉丝打磨，表面形成致密保护层的金属铝箔。这种移门内饰板具有金属质感和极好的耐磨、耐高温、抗腐蚀性，纹理细腻，极易清理，寿命长，适合现代简约风格的移门内饰。如图 5-19 所示。

图 5-19　金属移门内饰材料

（7）玻璃与镜子

平板装饰玻璃、装饰镜是常用的移门内饰材料，具有表面花色图案丰富，装饰效果好，表面平整光亮，现代感强，材料厚度均匀，不易变形等许多优点，深受年轻消费者喜爱。如图 5-20 所示。

图 5-20　镜子、玻璃作为移门内饰板材

（8）软/硬包类

以墙纸、布艺、皮艺作为内饰材料，质地柔和，色泽悦目，3d 的造型效果，营造出温馨的住宅环境。如图 5-21、图 5-22、图 5-23 所示。

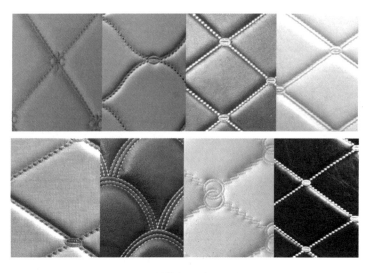

图 5 - 21　皮革软包移门内饰材料

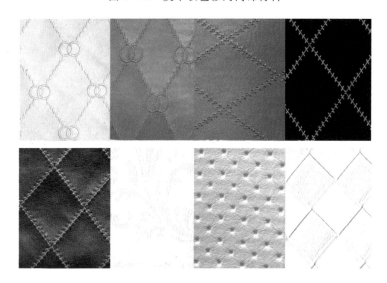

图 5 - 22　皮革硬包移门内饰材料

图 5 - 23　皮革软包移门内饰材料

（9）镜面树脂板

镜面树脂板的属性特点与烤漆板是差不多的，使用镜面树脂板制作衣柜门板的好处是色彩丰富、防水性好，不过其缺点是不耐磨，很容易刮花，并且其耐高温性能也不是很好，在使用的时候应该特别注意保养。

七、巩固练习

1．名词解释
（1）安全玻璃
（2）保温绝热玻璃
（3）喷砂玻璃
（4）聚晶玻璃

2．简答题
（1）玻璃的组成及其性质？
（2）透光不透视的玻璃有哪些？
（3）花纹玻璃有哪些？

3．分析论述题
常用的衣柜移门内饰玻璃材料有哪些？

任务二　厨柜台面材料的选择与设计

一、任务描述

天然石材、人造石材在家具设计和生产中，常被用作台面材料。如桌面、几面、厨柜台面、电视柜台面等。通过本任务的实施，使学生掌握天然大理石、天然花岗石及人造石性能特点，具有分析和使用石材的专业知识，培养学生正确选择和使用石材的专业技能。

二、学习目标

知识目标：
（1）掌握天然大理石、天然花岗石和人造石的性能特点
（2）具有分析石材性能特点和使用的专业知识。
能力目标：
（1）能够正确识别、选择和使用装饰石材。
（2）能够正确分析各种装饰石材的性能特点。

三、任务分析

课时安排：4学时。
知识准备：天然大理石、天然花岗石和人造石的性能特点。
任务重点：人造石的分类及性能特点。

任务难点：人造石的选择和使用。

任务目标：能正确对天然石、人造石进行分类与识别，正确选择和使用装饰石材。

任务考核：分天然石材、人造石材的分类识别和特性描述，厨柜台面材料的选择两部分考核，各占50分，总分60分以上考核合格。

四、知识要点

（一）天然石材

1. 天然石材的形成及特点

岩石是由于地壳的运动而形成的，造岩矿物在不同的条件下，形成性能不同的岩石。通常分为三类。

（1）火成岩

又叫岩浆岩，由于地壳的运动，熔融的岩浆由地壳内部上升后冷却而形成，它是组成地壳的主要岩石。占地壳总质量的80%，火成岩上升后根据冷却方式的不同，分为深成岩、喷出岩和火山岩。

深成岩：岩浆在地壳深处，在承受地表巨大压力的条件下缓慢冷却成岩。所以深成岩具有结构密实、容重大、抗压强度高、吸水率小、抗冻性好、耐磨性高，耐久性强的优点。建筑装饰用的花岗岩是典型代表。

喷出岩：熔融的岩浆喷出地表后，在压力降低、降温迅速的条件下形成。如喷出的岩浆较厚实，冷却形成的岩石近似深成岩，如喷出的岩浆较薄时，则形成的岩石成多孔结构。如玄武岩。

火山岩：火山爆发，岩浆喷射到空气中。经急速冷却后落下而形成的碎屑岩石。如火山灰、浮石等。火山岩一般均为多空结构的材料。具有优异的保温、吸声效果。

（2）沉积岩

也称为水成岩，原来的母岩风化后，经过风吹搬迁、流水冲移而沉积和再造岩等作用，在地表不太深处形成的岩石。即为沉积岩。沉积岩为层状结构，每一层的厚度、颜色、结构均不相同。与深成岩相比，沉积岩结构致密性较差，容重较小，孔隙率和吸水率较大，强度较低，耐久性较差。

沉积岩占地壳总质量的5%，但在地球上分布较广，约占地壳表面积的75%。藏于离地表不太深处，开采容易。主要的岩石是石灰岩，是烧制石灰和水泥的主要原料。

（3）变质岩

原生的火成岩或者沉积岩，经过地壳内部高温高压的作用而形成的岩石即为变质岩，沉积岩经过变质，结构变得致密、性能变好、坚实耐久。如石灰岩变质成了大理石。而火成岩变质，性能反而变差。如花岗岩变质称为片麻岩，变得易分层剥落，耐久性变差。

2. 天然大理石

大理石是地壳中原有的白云石、石灰岩等岩石经过地壳内高温高压作用形成的变质岩。地壳的内力作用促使原来的各类岩石的结构、构造和矿物成分等发生质的变化。天然大理石是一种变质岩，多为层状结构，属于中等硬度石材。

天然大理石具有如下特点：

（1）结构致密，抗压强度高。表观密度为2700kg/m³左右，一般抗压强度为100～150MPa。

（2）质地较密，但硬度不大，属于中等硬度石材。莫氏硬度为3～4，故大理石易于开采加工，比较容易进行锯解、雕琢和磨光加工。

（3）吸水率小。一般吸水率不超过1%。

（4）耐磨性好。其磨耗量小。

（5）具有较好的抗冻性和耐久性。一般使用年限为 40～100 年。

（6）装饰性好。通常质地纯正的大理石为白色，我国常称汉白玉，是大理石中的优良品种。当在变质过程中混进其他杂质时，就会出现不同的颜色、花纹与斑点。大理石中一般常含有氧化铁、氧化亚铁、云母、石墨等杂质，因此使大理石常呈现红、黄、棕、黑、绿等多种色彩。如含碳呈黑色；含氧化铁呈玫瑰色、橘红色；含氧化亚铁、铜、镍呈绿色；含锰呈紫色等。大理石花纹美丽，呈枝条状、云彩状。如图 5-24、图 5-25 所示。

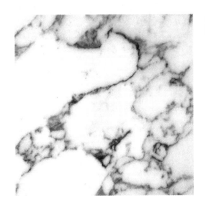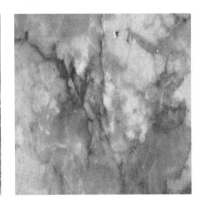

图 5-24　天然大理石花纹特征

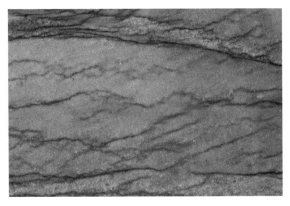

图 5-25　天然大理石花纹与颜色

（7）抗风化性差。多数大理石的主要化学成分为氧化钙，空气和雨中所含酸性物质及盐类对大理石都有腐蚀作用，会导致表面失去光泽甚至破坏，因此，许多人认为，大理石不适合做室外装饰，除个别品种（如汉白玉、艾叶青等）外。

纯白色的大理石成分较为单纯，但多数大理石是两种或两种以上成分混杂在一起。各种颜色的大理石中，暗红色、红色最不稳定，绿色次之。白色成分单一比较稳定，不易风化和变色，如汉白玉。

天然大理石板的装饰效果庄重、高贵、典雅，在建筑装修及雕刻中是较为理想的材料。在室内装饰工程中，天然大理石常用于室内墙面装饰和用作室内台面，如窗台面等。在家具行业，天然大理石主要用作家具台面。如厨房台面、电视柜台面、餐桌台面等。

3. 天然花岗石

天然花岗石是一种分布广泛的岩石，各个地质时代都有产出。属于深成岩，硬度高，抗压强度大，其颜色取决于所含长石、云母及深色矿物的种类及数量，常呈灰色、黄色、蔷薇色和红色等，以深色（红色）花岗石比较名贵。如图 5-26 所示。花岗石为全结晶结构的岩石。优质花岗石晶粒细而均匀、构造紧密、石英含量多、长石光泽明亮、无风化迹象。云母含量高的花岗石表面不易抛光，含有黄铁矿的花岗石易受到侵蚀。天然花岗石主要特点如下：

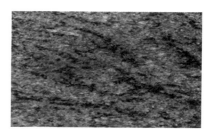

图 5-26　天然花岗岩花纹

（1）密度大。表观密度为 2600～2800kg/m³。

（2）构造致密、结构均匀、抗压强度高。一般抗压强度可达 120～250MPa。

（3）材质坚硬，具有优异的耐磨性。

（4）孔隙率小，吸水率极低。

（5）化学稳定性好，耐酸性很强，不易风化变质。

（6）装饰性好。经磨光处理的花岗石板材表面平整，光亮如镜，质感丰厚坚实，色彩斑斓，庄重华丽。

（7）抗冻性好、耐久性极好。细粒花岗石使用年限可达 500～1000 年之久，粗粒花岗石可达 100～200 年。

缺点：

（1）自重大，用于房屋建筑与装饰会增加建筑物的质量。

（2）硬度大，给开采和加工造成困难。

（3）质脆，耐火性差。花岗石不抗火，因其含大量石英。石英在 573℃～870℃的高温下均会发生晶态转变，产生体积膨胀，故火灾时花岗石会产生严重开裂破坏。

（4）某些花岗岩含有微量放射性元素，应根据花岗石石材的放射性强度确定其应用范围。

天然花岗岩主要用于建筑装饰工程，可用作墙、地面装饰材料，可用于室内外。家具行业应用较少，可用作石材家具、家具台面等。

（二）人造石材

1. 人造石的类型

人造石（又称合成石）是以石粉、碎石、胶粘剂为主要原料，经调配合成、表面处理等工序加工而成。

按原料及制造方法分类，大体可分为四类。

（1）树脂型（有机型）人造石材

树脂型人造石材是以不饱和聚酯树脂、亚克力树脂等合成树脂为胶粘剂，与天然石碴、石粉或其他无机填料按一定的比例配合，再加入催化剂、固化剂、颜料等添加剂，经混合搅拌、固化成型、脱模烘干、表面抛光等工序加工而成。

不饱和聚酯树脂（聚酯树脂）具有黏度小，易于成型，光泽好，颜色浅，容易配制成各种明亮的色彩与花纹，固化快，常温下可进行操作等特点。目前使用最广泛的就是以不饱和聚酯树脂为胶粘剂而生产的树脂型人造石材（又称聚酯合成石）。

（2）水泥型（无机型）人造石材

水泥型人造厂材是以各种水泥为胶结材料，以砂、天然碎石粒为粗细骨料，经配制、搅拌、加压蒸养、磨光和抛光后制成的人造石材。配制过程中，混入色料，可制成彩色水泥石。水泥型石材的生产取材方便，价格低廉，但其装饰性较差。典型产品为水磨石。

（3）复合型人造石材

石材的底层用性能稳定而价廉的无机材料，面层用聚酯和大理石粉制作。无机胶结材料可用快硬水泥、白水泥、普通硅酸盐水泥、铝酸盐水泥、粉煤灰水泥、矿渣水泥以及熟石膏等。有机单体可用苯乙烯、甲基丙烯酸甲酯、醋酸乙烯、丙烯腈、丁二烯等，这些单体可单独使用，也可组合使用。复合型人造石材制品的造价较低，但它受温差影响后聚酯面易产生剥落或开裂。

（4）烧结型人造石材

烧结型人造石材是以石粉为主要原料，加入瓷土及其他添加物，采用陶瓷材料的生产工艺制作而成。它具有陶瓷材料的一些特点：强度高、吸水率低、耐热、抗浆、耐腐蚀易清洁、性能稳定、装饰性好。但需要经高温烧制故能耗大、成本高。

2．树脂型人造石材的性能特点

树脂型人造石也叫高分子人造石，是以有机高分子树脂为胶粘剂，以天然矿物石粉、耐磨剂为填料，以色母做颜料，外加各种助剂，经成型、固化工艺，制成的质地均匀、结构紧密的人造板材，也称其为"人造石"或"人造大理石"。

人造石的常用规格是：$2400 \times 760 \times 12.7$（mm）、$3050 \times 760 \times 12.7$（mm）。石英石厚度规格较多，有 15、18、20（mm）等。

我国人造石的发展经历了这样几个阶段：

第一代人造石：它是以不饱和聚酯树脂为胶粘剂，以天然矿物石粉为填料，添加色母及其他助剂经成型、高温固化等工艺制成的高分子实体薄型板材，俗称"树脂板"。它具有以下特点：

（1）在制造过程中配以不同的色料可制成色彩艳丽、图案丰富的人造石产品，赋予人造石优异的装饰性能。

（2）在制造过程中以流平性好的不饱和有机树脂作为胶粘剂，使人造石具有塑质材料的性质，韧性好、耐冲击。板材成型密实、孔隙率低，板面光滑不沾油、不渗污、抗菌防霉，赋予人造石优异的使用性能。

（3）人造石加工、拼接性能优异。可以锯、刨、钻、洗、磨、抛，可以任意拼接无痕无缝、任意造型，加工成的厨柜台面整体性强、视觉效果好。

（4）人造石无毒、无放射，健康环保。

（5）不饱和树脂固化后硬度高、脆性大，制成的人造石板材遇骤冷骤热易开裂、易破损。

图 5-27 所示为杜邦-蒙特利人造石色板。图 5-28 所示为厨柜台面效果。

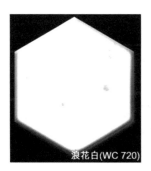
浪花白(WC 720)
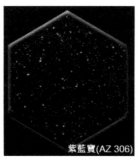
紫藍寶(AZ 306)

平原(MV 708)

南極(MT707)

图 5-27　杜邦-蒙特利部分人造石色板

图 5 - 28　人造石台面整体厨柜

第二代人造石：它是在第一代人造石的基础上，加入亚克力树脂改性的人造石产品。亚克力树脂学名聚甲基丙烯酸甲酯。它是线性结构的有机高分子，与体型结构的不饱和聚酯树脂混合，改善树脂板的韧性和耐冲击性，克服其硬度高、脆性大易开裂缺点。由于亚克力树脂的透明性好，改性后人造石的透明度、光泽度都有较大程度的提高。典型的代表产品如水晶石，其特点为：

（1）水晶石为无毛细孔均质板材，不吸水、不吸油、不吸附。

（2）拼接无痕的连续表面，可以通过维护和翻新使产品表面恢复如新。

（3）水晶板可透光，光亮度高，晶莹剔透感强。

（4）板材强度高，不开裂、不变形。

（5）无污染和辐射，绿色的环保建材产品。

水晶石板材的应用范围：此产品在家庭中广泛用于透光顶棚、透光背景墙、透光家具、透光台面、透光灯罩、灯饰、灯柱、工艺品等，具有独特的装饰效果。还有宾馆、酒店、商务大厦、歌舞厅、迪厅、咖啡厅等娱乐场所。

如图 5 - 29、图 5 - 30 所示为水晶石台面颜色和厨柜台面效果。

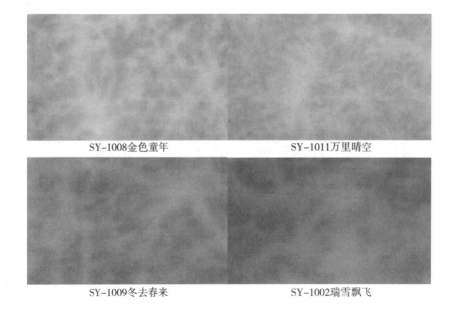

SY-1008金色童年　　　　SY-1011万里晴空

SY-1009冬去春来　　　　SY-1002瑞雪飘飞

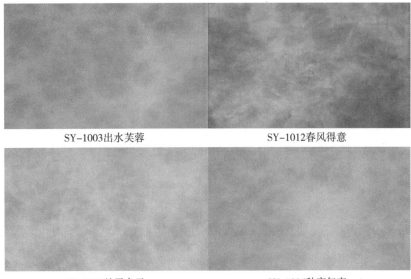

| SY-1003出水芙蓉 | SY-1012春风得意 |
| SY-1010兰天白云 | SY-1006秋高气爽 |

图 5-29　水晶石色样

图 5-30　厨柜台面效果

第三代人造石：它是采用纯亚克力树脂为胶粘剂制成的人造石板材。由于亚克力线性分子硬度不高，耐磨性低，同时加入三氧化二铝耐磨剂改性。这样加工出的人造石晶莹剔透、光泽度高，给人似石似玉之感。有"玉石"之称。亚克力板硬度高、耐磨、耐高温、不易开裂。而其加工性能不及第一代板材，拼接出现痕迹。美国杜邦公司生产的可丽耐亚克力板，是以天然矿物质（三水合氧化铝）为主要成分（55％），加上甲基丙烯酸甲酯（40％），再糅合颜料（5％）而制成。具有非渗透性、抗污、抑制细菌滋生等特点，广泛地应用于厨柜台面、洗手台台面、窗台、室内外墙面、家具、照明等多个领域。如图 5-31所示为可丽耐人造石色样，图 5-32 所示为可丽耐台面效果图。

第四代人造石：它是以石英砂作为填料改性的树脂型人造石，俗称"石英石"。由于石英砂硬度高、超强耐磨，加入人造石树脂中，赋予人造石英石极好的耐磨性能。其加工性能变差，拼接痕迹明显，石英石板的厚度为15mm。

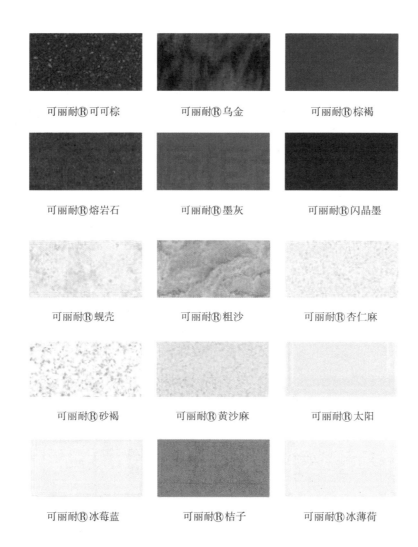

图 5-31　可丽耐亚克力人造石色样

图 5-32　可丽耐亚克力厨柜台面

人造石综合性能优异，是理想的厨柜台面材料。家具行业也可用作桌面、茶几面、餐台面的材料。图 5-33 所示为中讯部分石英石色样，图 5-34 所示为石英石厨柜台面效果图。

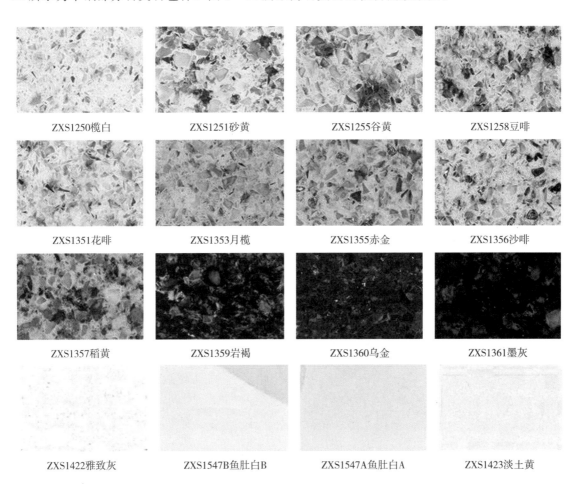

ZXS1250榄白	ZXS1251砂黄	ZXS1255谷黄	ZXS1258豆啡
ZXS1351花啡	ZXS1353月榄	ZXS1355赤金	ZXS1356沙啡
ZXS1357稻黄	ZXS1359岩褐	ZXS1360乌金	ZXS1361墨灰
ZXS1422雅致灰	ZXS1547B鱼肚白B	ZXS1547A鱼肚白A	ZXS1423淡土黄

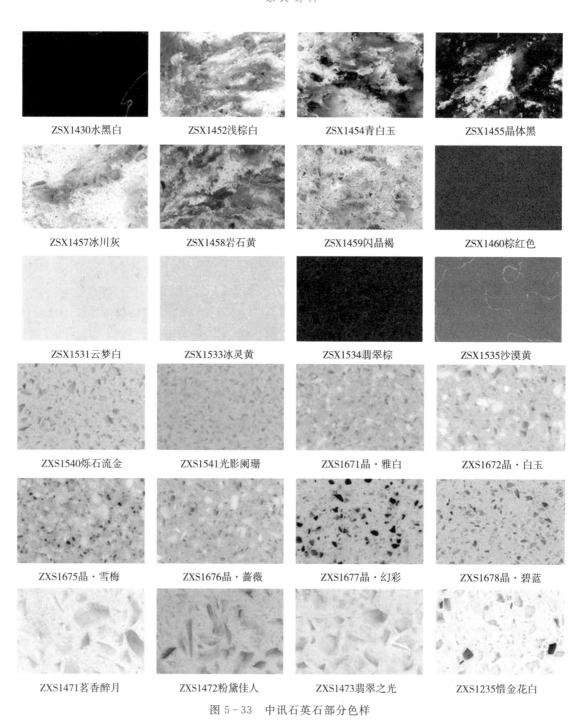

ZSX1430水黑白　　　ZSX1452浅棕白　　　ZSX1454青白玉　　　ZSX1455晶体黑

ZSX1457冰川灰　　　ZSX1458岩石黄　　　ZSX1459闪晶褐　　　ZSX1460棕红色

ZSX1531云梦白　　　ZSX1533冰灵黄　　　ZSX1534翡翠棕　　　ZSX1535沙漠黄

ZXS1540烁石流金　　ZXS1541光影阑珊　　ZXS1671晶·雅白　　ZXS1672晶·白玉

ZXS1675晶·雪梅　　ZXS1676晶·蔷薇　　ZXS1677晶·幻彩　　ZXS1678晶·碧蓝

ZXS1471茗香醉月　　ZXS1472粉黛佳人　　ZXS1473翡翠之光　　ZXS1235惜金花白

图 5 - 33　中讯石英石部分色样

布拉格灰

图 5-34　石英石厨柜台面

五、任务实施

(一) 工作准备

(1) 石材小样准备：天然大理石 3 块、天然花岗石 3 块、人造石 6 块，并编号 01～12。

(2) 台面边型准备：直边、斜边、1/4 圆角边，有下垂、挡水。

(二) 任务实施

(1) 装饰石材的分类识别与特性描述，填写下列表格。

表 5-4　装饰石材的分类识别与特性描述

年　　月　　日

材料编号	材料类别	特性描述
01		
02		
03		
04		
05		
06		
07		
08		
09		
10		
11		
12		
总结（人造石和天然石特性比较）：		

制表人：

（2）厨柜台面的选择与设计，填写下列表格。

表 5-5 厨柜台面的选择与设计

年　　月　　日

序号	台面材料	优缺点描述
01	天然大理石	
02	天然花岗石	
03	聚酯人造石	
04	水晶石	
05	亚克力人造石	
06	石英石	
厨柜台面材料选择：		
厨柜台面设计： 台面深度：　　　　　台面边形：　　　　　下垂尺寸：　　　　　挡水高度：		

制表人：

（三）成果提交

（1）装饰石材的分类识别与特性描述。

（2）厨柜台面的选择与设计表。

（3）成果考核：提交成果按百分制评定成绩，分为准确性、完整性、综合素质三个方面评价。

正确性：占总分的 50%，考核学生完成任务的正确程度。

完整性：占总分的 40%，考核学生完成任务的圆满程度，是否完成所有任务。

综合素质：占总分的 10%，考核学生文明施工、爱护环境等综合素质。

六、知识拓展

（一）人造石台面的构成

根据厨柜设计的要求，台面深度一般设计为 600mm，台面由下垂、挡水组成，如图 5-35 所示。

下垂主要是加厚台面，增加台面的厚实感。下垂高度通常为 25~30mm。（加厚例外）

止水槽：防止水分沿台面下流至门板上沿，起保护门板的作用。槽的尺寸通常为 R3~5mm。

后挡水：阻止水分从台面后边部渗水，起保护厨柜柜体的作用。根据台面的材料不同，普通人造石、水晶石、亚克力人造石均可生产弧形后挡水，石英石由于硬度高，加工难度大，一般生产为直挡水。后挡水的高度一般不小于 30mm。

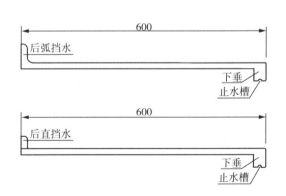

图 5-35　台面的结构与组成

（二）人造石台面边形

厨柜台面的边形一般根据厨柜的风格、门板的边形确定，主要起装饰美观作用。常用的边形以直边、斜边为主，如图5-36所示。由于石英石硬度大，铣削加工、打磨抛光比较困难，一般不适合复杂的边形。其他人造石可以生产复杂边形。

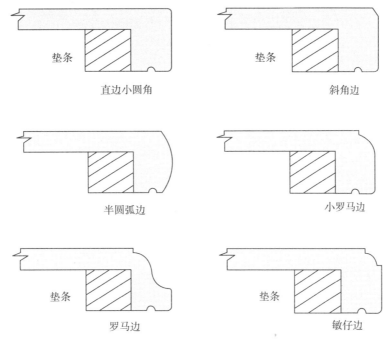

图5-36　常用台面边形图

高端的厨柜、卫浴柜产品，也可以通过浇注成型，生产复杂的边形的台面。如图5-37所示。

图5-37　专业定制的高档厨柜台面边形

（三）人造石台面下垂

根据生产工艺的不同，台面的加厚方式有两种，如图 5-38 所示。

平夹下垂加厚：由于受到板材厚度的制约，加厚的量只是一层板厚，加厚高度有限（不适合多层平夹加厚，易出现拼缝痕迹，影响美观）。

立夹下垂加厚：不受板材厚度限制，可以加高任意高度。立夹下垂可以做单层，也可以做双层。

台面加厚时，下垂与台面的胶合面应加工平整光滑，拼接密实无缝，否则就会出现拼接痕迹。

（四）人造石台面后挡水

普通人造石、亚克力人造石、水晶石台面的后挡水，通常和台面胶接为整体。如图 5-39 所示。弧形过渡的整体后挡水，不积污纳垢，便于打理清洁。缺点是加工麻烦。

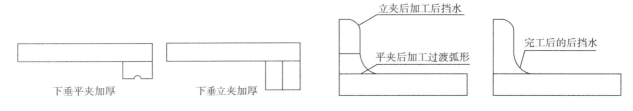

图 5-38 台面加厚的方式　　　　　　图 5-39 普通人造石台面后挡水加工成型图

石英石台面的后挡水一般分开加工，安装时直接用玻璃胶粘贴在后部墙面即可。如图 5-40 所示。

这种直接粘接的石英石后挡水，加工和安装都十分方便，缺点是台面整体感较差，后部直角处易积垢、难清理。

（五）台面前挡水及端部浅挡水

对于普通人造石、亚克力人造石、水晶石，由于加工相对比较容易，台面也可以加工前挡水。如图 5-41 所示。其优点是台面上的水不会顺沿台面下流，浸蚀门板和柜体。

图 5-40 石英石台面后挡水　　　　　图 5-41 台面前挡水

台面的端部为防止水下渗，做高挡水影响台面美观，宜设计为浅挡水，如图 5-42 所示。

（六）人造石的应用

树脂型人造石兼备大理石的天然质感和坚固的质地，陶瓷的光洁细腻和木材的易于加工性，集优异的使用性能、加工性能及装饰性能于一体，它的运用和推广，标志着装饰艺术从天然石材时代，进入了一个崭新的人造石石材新时代，广泛用于建筑、装饰、厨柜、家具等行业。如图 5-43 所示。

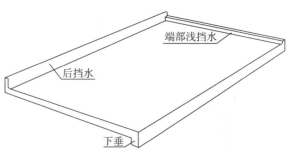

图 5-42 台面端部浅挡水

图 5 - 43　部分人造石产品

1. 作为台面材料使用

（1）普通台面：厨柜台面、卫生间台面、窗台、餐台、商业台、接待柜台、写字台、电脑台、酒吧台等。

（2）医院台面、实验室台面：人造石耐酸碱性优异，易清洁打理，无缝隙细菌无处藏身，而被广泛应用于医院台面和实验室台面等重要场合，满足对无菌环境的要求。

（3）制作洗脸台、洗衣池、洗菜盆等，具有不易碎、易保养、耐旧、永远亮丽如新的特点。

2. 作为装饰材料使用

（1）建筑装饰：用于制作个性化的大门立柱，整体无痕的建筑楼梯，都将成为建筑空间的点睛之笔，人造石丰富的表现力和塑造力，提供给设计师源源不断的灵感，为生活空间增添优雅气质。

（2）人造石表面光滑如镜，故清理容易，历久常新，加上颜色琳琅满目，可塑性强，成为装修窗台板、电视柜台面、壁炉面板的理想材料。

（3）商业与娱乐场所装饰：在各类商业与娱乐场所，人造石作为墙面背景材料、台面材料、柱面材料。使其设计华丽典雅、合理布局，能产生广阔的运用空间和完美的装饰透光效果，色调和谐，倍感温馨。利用人造石的弯曲性制作特殊的弧度造型、高贵典雅的罗马拱柱、流畅的吧台、和谐雅致的商业柜台等，美轮美奂的创意效果无不尽现人造石和谐典雅的形象。彰显商业主题与娱乐的氛围，人造石还可配合多种材料和多种加工手段，营造出独具魅力的特殊设计效果。

3. 家具应用

人造石可以作为高级家具桌台材料。

4. 卫浴应用

健康环保的人造石卫浴、人造石洁具、浴缸，是浴室空间的点睛之笔，它具有丰富的表现力和塑造力。

5. 艺术加工

根据国内经济发展的需要，充分利用人造石优异的加工性能，能拼、锯、铣、砂、磨、抛、钻、雕、镂等，亦作为人造石花盆、雕塑、雕刻、工艺品的加工材料。

七、巩固练习

1. 名词解释
（1）树脂型人造石
（2）石英石
（3）亚克力人造石
（4）天然花岗石

2. 简答题
（1）简述天然花岗石的形成与性能特点？
（2）简述天然大理石的形成与性能特点？
（3）简述天然石英石的构成与性能特点？

3. 分析论述题
分析厨柜台面为何宜选用人造石而不宜使用天然石材？

任务三　金属型材的识别与应用

一、任务描述

金属钢材是钢制家具的主要材料，主要包括圆钢、扁钢、方钢、角钢、槽钢、工字钢、方管、圆管等。有色金属铝型材是衣柜移动门、厨柜铝框玻璃门的主要材料。通过该任务的实施，让学生掌握钢质金属型材的种类、特点及应用，掌握铝质金属型材的种类、特点及应用，为正确选择和使用金属型材奠定基础。

二、学习目标

知识目标：

（1）掌握钢质金属型材的种类、特点及应用。

（2）掌握铝质金属型材的种类、特点及应用。

（3）具有分析金属材料性能特点的专业知识。

能力目标：

（1）能够正确选择和使用金属型材（钢质型材、铝合金型材）。

（2）能够正确分析各种型材的性能特点。

三、任务分析

课时安排：4 学时。

知识准备：金属型材的种类、特点及应用（钢质金属型材、铝质金属型材）。

任务重点：金属型材的特点、选择和使用。

任务难点：金属型材的特点、选择和使用。

任务目标：能准确识别与分类各种金属型材，掌握其性能特点，具有正确选择和使用各种金属型材的专业技能。

任务考核：分金属型材的分类识别和特性描述、铝框玻璃门型材的选择和计算两部分考核，各占 50 分，总分 60 分以上考核合格。

四、知识要点

（一）钢材

1. 分类

钢材是金属家具的主要材料。金属家具是以金属管材、板材或棍材等作为主架构，配以木材、各类人造板、玻璃、石材等制造的家具和完全由金属材料制作的铁艺家具。通过冲压、锻、铸、模压、弯曲、焊接等加工工艺可获得各种造型。

钢是由铁和碳组成的合金，其强度和韧性都比铁高，因此最适宜于做家具的主体结构。钢材有许多不同的品种和等级，一般用于家具的钢材是优质碳素结构钢或合金结构钢。常见的钢材分类如表 5－6 所示：

表 5-6　常见的钢材分类

类别	分类品种与说明
型钢	按照截面形状分为：圆钢、扁钢、方钢、六角钢、八角钢、角钢、工字钢、槽钢、丁字钢、乙字钢等
钢板	① 按厚度分：厚度＞4mm 板为厚钢板，厚度＜4mm 板为薄钢板 ② 按用途分：一般用钢板、锅炉用钢板、造船用钢板、汽车用厚钢板、屋面薄钢板、镀锌薄钢板、镀锡薄钢板、其他专用钢板
钢带	热轧钢带、冷轧钢带
钢管	① 按制造方法分：热轧无缝钢管、冷轧无缝钢管和焊接钢管 ② 按用途分：一般用钢管、锅炉用钢管、石油用钢管和其他专用钢管 ③ 按表面状况分：镀锌钢管、不镀锌钢管 ④ 按管端结构分：带螺纹钢管、不带螺纹钢管
钢丝	① 按制造方法分：冷拉钢丝、冷轧钢丝 ② 按用途分：一般用钢丝、包装用钢丝、架空通信用钢丝、焊接用钢丝、弹簧钢丝、琴钢丝和其他专用钢丝 ③ 按表面状况分：抛光钢丝、磨光钢丝、酸洗钢丝、光面钢丝、黑钢丝、镀锌钢丝和其他金属钢丝
钢丝绳	① 按绳股数分：单股钢丝绳、六股钢丝绳、十八股钢丝绳 ② 按内芯材料分：有机芯钢丝绳、金属芯钢丝绳 ③ 按表面状况分：镀锌钢丝绳、不镀锌钢丝绳

2. 金属家具常用型钢和钢管

（1）圆钢

圆钢是指截面为圆形的实心长条钢材。其规格以直径的 mm 数表示。圆钢分为热轧、锻制和冷拉三种。热轧圆钢的规格为 5.5～250mm。其中 5.5～25mm 的小圆钢常用作钢筋、螺栓及各种机械零件；大于 25mm 的圆钢，主要用于制造机械零件或作无缝钢管坯。（图 5-44）

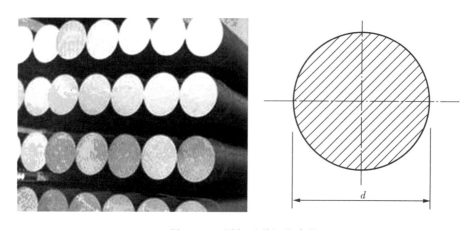

图 5-44　圆钢及其规格参数

（2）方钢

方钢是指截面为方形的实心钢材。方钢规格：边长≤25mm，长 5～10m；边长 26～50mm，长 4～9m；边长 53～110mm，长 4～8m；边长≥120mm，长 3～6m。如图 5-45 所示。

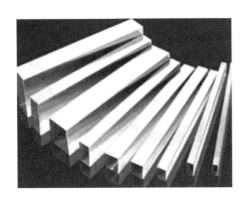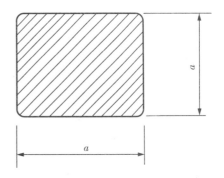

图 5-45　方钢及其规格参数

（3）扁钢

扁钢是指宽 12～300mm、厚 4～60mm、截面为长方形并稍带钝边的钢材。扁钢可以是成品钢材，也可以做焊管的坯料和叠轧薄板用的薄板坯。扁钢作为成材可用于制箍铁、工具及机械零件，建筑上用作房架结构件、扶梯等。（图 5-46）

图 5-46　扁钢

（4）螺纹钢

螺纹钢是热轧带肋钢筋的俗称，属于小型型钢钢材，主要用于钢筋混凝土建筑构件的骨架，要求有一定的机械强度、弯曲变形性能及工艺焊接性能。（图 5-47）

图 5-47　螺纹钢材

（5）角钢

俗称角铁，是两边互相垂直成角形的长条钢材，如图5-48所示。角钢属建造用碳素结构钢，是简单断面的型钢钢材，主要用于金属构件及厂房的框架等。在使用中要求有较好的可焊性、塑性变形性能及一定的机械强度。生产角钢的原料钢坯为低碳方钢坯，成品角钢为热轧成形、正火或热轧状态交货。

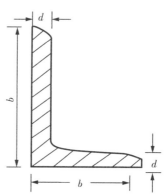

图5-48　等边角钢外形及规格参数

角钢有等边角钢和不等边角钢之分。等边角钢的两个边宽相等。其规格以边宽×边宽×边厚的mm数表示。如"∠30×30×3"，即表示边宽为30mm、边厚为3mm的等边角钢。其中不等边角钢又可分为不等边等厚及不等边不等厚两种。

目前国产角钢规格为2～20号，以边长的厘米数为号数，同一号角钢常有2～7种不同的边厚。一般边长12.5cm以上的为大型角钢，5～12.5cm之间的为中型角钢，边长5cm以下的为小型角钢。

不等边角钢的截面高度按不等边角钢的长边宽来计算。是指断面为角形且两边长不相等的钢材，是角钢中的一种。其边长由25mm×16mm～200mm×125mm。由热轧轧机轧制而成。一般的不等边角钢规格为：∠50×32—∠200×125，厚度为4～18mm。

角钢可按结构的不同需要组成各种不同的受力构件，也可作构件之间的连接件。其广泛地用于各种建筑结构和工程结构。

（6）槽钢

槽钢是截面为凹槽形的长条钢材，如图5-49所示。其规格以腰高（h）×腿宽（b）×腰厚（d）的毫米数表示，如100×48×5.3，表示腰高为100mm，腿宽为48mm，腰厚为5.3mm的槽钢，或称10#槽钢。腰高相同的槽钢，如有几种不同的腿宽和腰厚也需在型号右边加a，b，c予以区别，如25#a，25#，b25#c等。

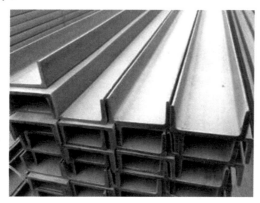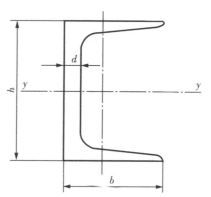

图5-49　槽钢外形与规格参数

槽钢分普通槽钢和轻型槽钢。热轧普通槽钢的规格为 5～40♯。经供需双方协议供应的热轧普通槽钢规格为 6.5～30♯。槽钢主要用于建筑结构、车辆制造、其他工业结构和固定盘柜等，槽钢还常常和工字钢配合使用。

在相同的高度下，轻型槽钢比普通槽钢的腿窄、腰薄、重量轻。18～40 号为大型槽钢，5～16 号槽钢为中型槽钢。

槽钢按形状又可分为 4 种：冷弯等边槽钢、冷弯不等边槽钢、冷弯内卷边槽钢、冷弯外卷边槽钢。

槽钢主要用于建筑结构、幕墙工程、机械设备和车辆制造等。在使用中要求其具有较好的焊接、铆接性能及综合机械性能。

（7）工字钢

也称为钢梁，是截面为工字形状的长条钢材，如图 5-50 所示。

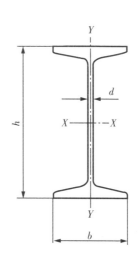

图 5-50　工字钢外形与规格参数

工字钢分普通工字钢和轻型工字钢，H 型钢三种。其规格以腰高（h）×腿宽（b）×腰厚（d）的毫米数表示，如"普工 160×88×6"，即表示腰高为 160mm，腿宽为 88mm，腰厚为 6mm 的普通工字钢。"轻工 160×81×5"，即表示腰高为 160mm，腿宽为 81mm，腰厚为 5mm 的轻型工字钢。

普通工字钢的规格也可用型号表示，型号表示腰高的厘米数，如普工 16♯。腰高相同的工字钢，如有几种不同的腿宽和腰厚，需在型号右边加 a，b，c 予以区别，如普工 32♯a，32♯b，32♯c 等。热轧普通工字钢的规格为 10～63♯。经供需双方协议供应的热轧普通工字钢规格为 12～55♯。

普通工字钢、轻型工字钢翼缘是变截面靠腹板部厚，外部薄；H 型钢：HW，HM，HN，HEA，HEB，HEM 等工字钢的翼缘是等截面。

工字钢广泛用于各种建筑结构、桥梁、车辆、支架、机械等。

（8）钢管

钢管生产技术的发展开始于自行车制造业的兴起。19 世纪初期石油的开发，两次世界大战期间舰船、锅炉、飞机的制造，化学工业的发展以及石油天然气的钻采和运输等，都有力地推动着钢管工业在品种、产量和质量上的发展。

钢管不仅用于输送流体和粉状固体、交换热能、制造机械零件和容器，它还是一种经济钢材。用钢管制造建筑结构网架、支柱和机械支架，可以减轻重量，节省金属 20%～40%，而且可实现工厂化机械化施工。用钢管制造公路桥梁不但可节省钢材、简化施工，而且可大大减少涂保护层的面积，节约投资和维护费用。如图 5-51 所示。

图 5-51　金属钢管材料

钢管按生产方法可分为两大类：无缝钢管和有缝钢管，有缝钢管简称为直缝钢管。

无缝钢管按生产方法可分为：热轧无缝管、冷拔管、精密钢管、热扩管、冷旋压管和挤压管等。无缝钢管用优质碳素钢或合金钢制成，有热轧、冷轧（拔）之分。

焊接钢管是由卷成管形的钢板以对缝或螺旋缝焊接而成。焊接钢管因其焊接工艺不同而分为炉焊管、电焊（电阻焊）管和自动电弧焊管。

根据焊接形式的不同分为直缝焊管和螺旋焊管两种。

根据端部形状又分为圆形焊管和异型（方、扁等）焊管。

钢管按制管材质（即钢种）可分为：碳素管和合金管、不锈钢管等。

常用钢管的规格见表 5-7 所示。

表 5-7　常用钢管规格型号一览表

序号	规格		壁厚（mm）	每米理论重量（kg）	通常长度
	通径	外径（mm）			
热轧无缝钢管					
1	DN40	43	3	2.89	
2	DN50	57	3	4	
3		60	3	4.22	
4	DN65	73	3.5	6	
5		76	3.5	6.26	
6	DN80	89	3.5	7.38	9 米/根或
7	DN100	108	4	10.26	10 米/根
8	DN125	133	4	12.73	
9	DN150	159	4.5	17.15	
10	DN200	219	6	31.52	
11	DN250	273	7	45.92	
12	DN300	325	8	62.54	

（续表）

序号	规格		壁厚（mm）	每米理论重量（kg）	通常长度
	通径	外径（mm）			
低压液体输送焊接钢管					
1	DN15（1/2″）	21.3	2.75	1.26	6米/根
2	DN20（3/4″）	26.8	2.75	1.63	
3	DN25（1″）	33.5	3.25	2.42	
4	DN32（1－1/4″）	42.3	3.25	3.13	
5	DN40（1－1/2″）	48	3.5	3.84	
6	DN50（2″）	60	3.5	4.88	
7	DN65（2－1/2″）	75.5	3.75	6.64	
8	DN80（3″）	88.5	4	8.34	
9	DN100（4″）	114	4	10.85	
10	DN125（5″）	140	4.5	15.04	
11	DN150（6″）	165	4.5	17.81	
注：通径尺寸括号内的数值为英寸					
螺旋缝埋弧焊钢管					
1	DN200	219	6	32.03	12米/根
2	DN250	273	6	40.01	
3	DN300	325	6	47.54	
4	DN350	377	6	55.4	
5	DN400	426	6	62.56	
6	DN450	480	8	104.52	
7	DN500	529	8	115.62	
8	DN600	630	8	137.81	
9	DN700	720	10	175.6	
10	DN800	820	10	200.26	
11	DN900	920	10	224.92	
12	DN1000	1020	10	249.58	

（9）方管

是边长相等的的钢管，是带钢经过工艺处理卷制而成。一般是把带钢经过拆包、平整、卷曲、焊接形成圆管，再由圆管轧制成方形管然后剪切成需要长度。方管有无缝和焊缝之分，无缝方管是将无缝圆管挤压成型而成。如图5－52所示。

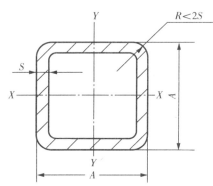

图 5-52　方管外形及规格参数

常用方管、矩管的规格见表 5-8、表 5-9 所示。

表 5-8　常用方管规格一览表

序号	规格	序号	规格	序号	规格
1	20×20×0.6～2.0	10	90×90×2.0～8.0	19	200×200×4.0～14
2	25×25×0.6～3.0	11	100×100×2.0～12	20	220×220×4.0～16
3	30×30×0.8～3.0	12	120×120×3.0～12	21	250×250×6.0～16
4	40×40×1.0～4.0	13	125×125×3.0～14	22	280×280×6.0～16
5	50×50×1.0～5.0	14	130×130×3.0～12	23	300×300×6.0～16
6	60×60×1.2～6.0	15	140×140×3.0～12	24	350×350×8.0～16
7	70×70×2.0～6.0	16	150×150×3.0～12	25	400×400×8.0～16
8	75×75×2.0～6.0	17	160×160×4.0～12	26	450×450×10.0～16
9	80×80×2.0～8.0	18	180×180×4.0～12		

表 5-9　常用矩管规格一览表

序号	规格	序号	规格	序号	规格
1	10×20×0.6～2.0	6	50×90×1.2～4.0	11	100×125×2.0～6.0
2	20×40×0.6～3.0	7	60×80×1.2～5.0	12	100×180×3.0～6.0
3	30×40×0.8～3.5	8	60×180×2.0～6.0	13	120×240×4.0～6.0
4	40×60×0.8～4.0	9	80×100×2.0～6.0	14	150×250×4.0～12
5	40×100×1.2～4.0	10	80×200×3.0～6.0	15	200×400×4.0～12

（二）铝合金家具型材

1. 铝合金材料概述

铝合金是以铝为基的合金总称。主要合金元素有铜、硅、镁、锌、锰，次要合金元素有镍、铁、钛、铬、锂等。

铝合金是工业中应用最广泛的一类有色金属结构材料，在航空、航天、汽车、机械制造、船舶及化学工业中已大量应用。

纯铝的密度小（$\rho = 2.7\text{g/cm}^3$），大约是铁的 1/3，熔点低（660℃），故具有很高的塑性，易于加工，可制成各种型材、板材；铝加入合金元素及运用热处理等方法来强化铝，这就得到了一系列的铝合金。在保持纯铝质轻等优点的同时还能具有较高的强度，成为质轻高强的理想结构材料。

铝合金分两大类：铸造铝合金，在铸态下使用；变形铝合金，能承受压力加工，力学性能高于铸态铝合金，可加工成各种形态和规格的铝合金材。主要用于制造航空器材、日常生活用品、建筑用门窗等。

变形铝合金又分为不可热处理强化型铝合金和可热处理强化型铝合金。不可热处理强化型不能通过热处理来提高机械性能，只能通过冷加工变形来实现强化，它主要包括高纯铝、工业高纯铝、工业纯铝以及防锈铝等。可热处理强化型铝合金可以通过淬火和时效等热处理手段来提高机械性能，它可分为硬铝、锻铝、超硬铝和特殊铝合金等。

高强度铝合金是指其抗拉强度大于 480 兆帕的铝合金，主要是压力加工铝合金中防锈铝合金类、硬铝合金类、超硬铝合金类、锻铝合金类、铝锂合金类。

铸造铝合金按化学成分可分为铝硅合金、铝铜合金、铝镁合金、铝锌合金和铝稀土合金，其中铝硅合金又有简单铝硅合金（不能热处理强化，力学性能较低，铸造性能好），特殊铝硅合金（可热处理强化，力学性能较高，铸造性能良好）。

铸造铝合金成分中除铝以外的主要元素分硅、铜、镁、锌四类，代号编码分别为 100、200、300、400。为了获得各种形状与规格的优质精密铸件，铸造铝合金一般具有以下特性：

（1）有填充狭槽窄缝部分的良好流动性。

（2）有比一般金属低的熔点，但能满足极大部分情况的要求。

（3）导热性能好，熔融铝的热量能快速向铸模传递，铸造周期较短。

（4）熔体中的氢气和其他有害气体可通过处理得到有效的控制。

（5）铝合金铸造时，没有热脆开裂和撕裂的倾向。

（6）化学稳定性好，抗蚀性能强。

（7）不易产生表面缺陷，铸件表面有良好的表面光洁度和光泽，而且易于进行表面处理。

（8）铸造铝合金的加工性能好，可用压模、硬模、生砂和干砂模、熔模石膏型铸造模进行铸造生产，也可用真空铸造、低压和高压铸造、挤压铸造、半固态铸造、离心铸造等方法成型，生产不同用途、不同品种规格、不同性能的各种铸件。

2.常用铝材的介绍

（1）电泳铝材：铝材经电镀工艺加工制成。一般包括电镀前预处理，电镀及镀后处理三个阶段。经过电镀，铝材表面形成致密的、均匀的、结晶细腻的表面装饰图层。如图 5-53 所示。

① 极强的耐蚀性：表面抗腐性能极高，能有效地防止酸、碱、盐侵蚀。

② 耐久性好：具有优异的耐磨性、耐候性、耐碱性。漆膜附着力强，不易老化脱落。即使在恶劣环境下装饰使用，也能确保 50 年寿命以上不腐蚀、不老化、不褪色、不脱落。

③ 装饰性好：表面色彩丰富、靓丽，具有镜面般的光泽效果，富丽堂皇、手感光滑细腻，多种颜色可供选择。

④ 漆膜硬度高：表面硬度达到 3H 以上，抗冲击能力强。

（2）氧化铝材：把基材作为阳极，置于电解液中进行电解，人为地在基材表面形成一层具有保护性的氧化膜从而形成了氧化铝材。如图 5-54 所示。

图 5-53　电泳铝型材

图 5-54　氧化铝型材

氧化铝材主要特点：

① 具有很强的耐磨性、耐候、耐蚀性。

② 可以在基材表面形成多种色彩，最大限度地适合您的要求。

③ 硬度高，适合各种建筑、工业料的制作。

（3）稀土泡沫铝材：金属泡沫材料是一种物理功能与结构一体化的新型工程材料。具有优异的物理性能，在消声、减震、分离工程、催化载体、屏蔽防护、吸能缓冲等多个领域获得了广泛应用。其中，用稀土铝合金制成的泡沫铝材，也被认为是一种大有前途的用于未来汽车、轮船以及其他交通运输工具的优良材料。如图 5-55 所示。

图 5-55　稀土泡沫铝型材

金属泡沫材料制备方法大致有：粉末冶金法，该法又可分为松散烧结和反应烧结两种；渗流法；烧结溶解法；熔体发泡法；共晶定向凝固法等。在这些众多制备方法中，熔体发泡法因其生产工艺相对简单、成本低，因而最具有工业化大生产的前景。目前日本市场上供应的金属泡沫材料主要就是用熔体发泡法生产的泡沫铝块件。

（4）建筑用铝材：铝合金建筑制品通常先加工成铸造品、锻造品以及箔、板、带、管、棒、型材后，再经冷弯、锯切、钻孔、拼装、上色等工序而制成。

纯铝强度低，其用途受到限制。但加入少量的一种或几种合金元素，如镁、硅、锰、铜、锌、铁、铬、钛等，即可得到具有不同性能的铝合金。铝合金再经冷加工和热处理，进一步得到强化和硬化，其抗拉强度大大提高。

铝合金按其生产方式不同，分为铸造铝合金和变形铝合金两大类。建筑上一般采用变形铝合金，用以轧成板、箔、带材，挤压成棒、管或各种复杂形状的型材。

铝合金的最大特点，首先是其容重约为钢的1/3，而比强度（强度极限与比重的比值）则可达到或超过结构钢。其次，铝和铝合金易于加工成各种形状，能适应各种连接工艺，采用铝合金不仅可以大大减轻建筑物的重量。

铝合金色泽美观，耐腐蚀性好，对光和热的反射率高，吸声性能好，通过化学及电化学的方法可获得各种不同的颜色。所以铝材广泛用于工业与民用建筑的屋面、墙面、门窗、骨架、内外装饰板、天花板、吊顶、栏杆扶手、室内家具等。如图5-56所示。

图5-56　建筑铝合金型材

3. 铝合金家具材料的类别

铝合金广泛用于家具材料，常用的品种见表5-10所示。

表5-10　铝合金家具材料一览表

序号	材料类别	说明
1	铝箔饰面材料	详见金属类饰面材料铝箔
2	铝塑板饰面板材	详见金属类饰面材料铝塑板
3	铝合金封边型材	详见家具封边材料

（续表）

序号	材料类别	说明
4	铝合金拉手型材	详见家具五金材料"隐形拉手、免拉手"
5	铝合金移门型材	详见铝合金移门材料、家具五金材料"家具移门"
6	铝合金折叠门型材	详见家具五金材料"家具折叠门"
7	铝合金装饰线条	详见金属材料
8	铝合金厨房拉篮	详见厨房五金材料
9	铝合金厨房挂件	详见厨房五金材料
10	铝合金家具脚	详见家具材料"金属脚"

五、任务实施

（一）工作准备

1. 材料准备

钢质金属型材：圆钢、扁钢、方钢、角钢、槽钢、工字钢、方管、圆管等，并将材料编号01～08。

铝合金型材：移动门框料（边框、上方、下方、中撑、大边框玻璃门型材、小边框玻璃门型材、铝质方管、圆管等），并将材料编号为01～08。

2. 工具

钢卷尺、游标卡尺。

（二）任务实施

（1）钢质金属型材的识别、检测、特性描述及应用：根据型材编号，填写名称、特点及应用。

表 5-11 钢质金属型材的识别、检测、特性描述及应用表

年　　月　　日

编号	型材名称	尺寸	特点与应用
01			
02			
03			
04			
05			
06			
07			
08			

制表人：

（2）铝合金型材的识别、检测、特性描述及应用：根据型材编号，填写名称、特点及应用。

表 5-12　铝合金型材的识别、检测、特性描述及应用表

年　　月　　日

编号	型材名称	尺寸	特点与应用
01			
02			
03			
04			
05			
06			
07			
08			

制表人：

（三）成果提交

（1）钢质金属型材的识别、检测、特性描述及应用。

（2）铝合金型材的识别、检测、特性描述及应用表。

（3）成果认定：提交成果按百分制评定成绩，分为准确性、完整性、综合素质三个方面评价。

正确性：占总分的 50%，考核学生完成任务的正确程度。

完整性：占总分的 40%，考核学生完成任务的圆满程度，是否完成所有任务。

综合素质：占总分的 10%，考核学生文明施工、爱护环境等综合素质。

六、知识拓展

钢质金属材料的表面油漆涂饰：

钢质金属材料的表面油漆涂饰工艺流程包括钢材预处理、喷砂除锈和涂装以及涂装修补四个工艺环节。

1. 钢材预处理

（1）表面除锈前应清理表面积水和油污、氧化皮、铁锈等污物，再用干净的压缩空气和毛刷将灰尘清理干净。

（2）钢材进行预处理，喷车间底漆。

2. 表面清洁处理

（1）为增强漆膜和钢材的附着力，应对钢材表面进行清洁处理，然后喷砂涂装。

（2）表面清洁工艺流程：用压缩空气吹除表面粉粒，用无油污的干净棉纱、碎布抹净，防止再污染。

（3）钢材表面清洁应符合招标文件和有关规定。

3. 喷砂除锈

（1）钢构件外表面在涂装前采用喷砂除锈，内部可采用风动工具打磨除锈。

（2）工地现场除锈，工地焊缝附近及破损部位采用风动工具打磨除锈。

（3）除锈等级达到有关规范的要求。

（4）喷砂除锈后，还需要对钢材表面进行表面清洁处理。

4．涂装工艺及技术

（1）涂装作业使用高压无气喷涂泵施工，根据选定的涂料性能及配比正确选择喷枪空气压力。

（2）雨天、雾天不能进行室外涂装。

（3）涂层表面应力求光滑、平整，不得有针孔和明显流挂、皱皮、漏涂等弊病发生，面漆应光洁美观，色彩均匀。

（4）漆膜厚度符合规定要求，最低膜厚需达到规定厚度的85％以上，但不盲目超厚。

（5）对于自由边缘等难于涂装的部位，在高压无气喷涂之前，需用笔刷作一、二遍刷涂。

（6）最后一道油漆工作在各项装饰工作结束后，并修正种种缺陷后进行，涂装前认真做好清洁工作，喷涂时应注意对有关零件的遮蔽保护。

（7）对涂层进行膜厚管理，底漆及全部涂装完成后，需进行膜厚检测与数据记录。

（8）漆膜外观质量用目测检查，具体油漆符合招标文件和有关规定。

5．涂装修补

受到损伤的漆膜、梁段接头或其他未涂装的部位，应在安装后进行涂装和修补。

七、巩固练习

1．名词解释

（1）黑色金属

（2）有色金属

（3）型钢

（4）铝合金

2．简答题

（1）铝合金作为型材有哪些特点？

（2）钢质金属型材作为金属家具的主要用材有哪些特点？

（3）钢质型材表面除锈处理的作用和意义？

3．分析论述题

铝合金用于家具材料时，为提高其装饰性和实用性，其表面处理的形式有哪些？有什么特点？

项目二　有机类家具材料：皮革、纺织品、有机胶粘剂等

任务四　纺织面料和皮革面料的识别与应用

一、任务描述

纺织面料和皮革材料是软体家具的主要材料。通过该任务的实施，使学生掌握纺织面料的种类、特

点及应用。皮革面料的种类、特点与应用。具有分辨识别和应用两种面料的专业知识、专业技能。

二、学习目标

知识目标：

（1）掌握纺织面料的种类、特点与应用；皮革面料的种类、特点与应用。

（2）具有分析纺织面料与皮革面料性能特点的专业知识。

（3）具有检验识别纺织面料和皮革面料的专业知识。

能力目标：

（1）能够正确识别面料，正确选择和使用面料。

（2）能够正确分析各种面料的性能特点。

三、任务分析

课时安排：4 学时。

知识准备：纺织面料的种类、特点与应用；皮革面料的种类、特点与应用。

任务重点：纺织面料的识别与检验、皮革面料的识别与检验。

任务难点：纺织面料的识别与检验、皮革面料的识别与检验。

任务目标：能准确分辨和识别各种纺织面料和皮革材料，正确选择和使用各种纺织面料和皮革材料。

任务考核：分纺织面料、皮革材料分类识别、特性与应用两方面考核，各占 50 分，总分 60 分以上考核合格。

四、知识要点

（一）纤维及其特性

纤维分为天然纤维、人造纤维、合成纤维。天然纤维是自然界原有的或经人工培植的植物上、人工饲养的动物上直接取得的纺织纤维，是纺织工业的重要材料来源。天然纤维的种类很多，长期大量用于纺织的有：棉、麻、毛、丝四种。

棉纤维：柔软、舒适、不起静电、强度大、变形小、无光吸声、无毒无味、透气性好、调温调湿等。

麻纤维：纤维较硬、挺括有弹性、透气性好、强度大、变形小。

毛纤维：纤维极其柔软、舒适、光泽好、有弹性、纤维较重。

丝纤维：轻、薄、柔、滑。

人造纤维：不能纺织的天然纤维素，经过化学加工处理而成的可以纺织的纤维叫作人造纤维。人造棉和人造丝都属于这一类。

合成纤维：从天然气、石油和煤里获得的简单有机物，经过化学反应和加工，可以合成高分子化合物，即合成纤维。目前最常见的合成纤维是锦纶、涤纶、腈纶、丙纶和氯纶。合成纤维是化学纤维的一种，是以小分子的有机化合物为原料，经加聚反应或缩聚反应合成的线型有机高分子化合物，如聚丙烯腈、聚酯、聚酰胺等。合成纤维具有结实耐用、易洗快干等优点，但也有许多缺点，如吸水性、不耐热、不易染色、易带电起毛等。这些缺点正在被不断克服，吸水纤维、耐热纤维、有色纤维等已相继问世。合成纤维会释放苯、甲醛、甲苯、二甲苯、苯乙烯等毒素，不利于人体健康。

合成纤维的主要品种和特点如下：

1. 涤纶

俗称"的确良"，是聚酯类高分子化合物，合成纤维中产量最高的第一大品种。该纤维具有如下特点：

（1）强度高（是粘胶纤维的 20 倍），弹性好，不易起皱，不易变形。

（2）耐光、耐热性好，洗涤后快干免烫，洗可穿性能良好。

（3）涤纶对一般化学试剂性能较稳定，耐酸。

（4）不耐浓碱的高湿处理，利用这一性能对涤纶进行加工，纤维表面被腐蚀，重量减轻，细度变细，可产生真丝风格（即仿真丝的方法之一），这种方法称为碱减量处理。

（5）涤纶纤维的吸湿性能很差，透气性、吸汗性差，穿着时有闷热感。

（6）染色性也差，需采用特殊染料或设备工艺条件，在高湿高压下染色。

（7）易洗、易干，是一种比较理想的纺织材料。

涤纶宜做外衣不宜做内衣。涤纶常与棉、毛混纺，以弥补其不足。

2. 锦纶

美国的商品名为（Nylon）尼龙，日本的商品名为（Nailon）耐纶。是聚酰胺类的高分子化合物，锦纶纤维纵向平直光滑，横截面可以是圆形或其他形状。锦纶最突出的特点是：

（1）耐磨性极佳（比棉纤维高 10 倍），强度、弹性好，具有优良的耐用性。

（2）比重小于涤纶等纤维，所以穿着轻便。

（3）锦纶纤维吸湿性差，又有良好的防水防风性能。

（4）锦纶织物保形性差，易起皱变形，易起毛结球

适于做登山服、降落伞、风雨衣。

3. 腈纶

是聚丙烯腈纤维，素有"合成羊毛"之美称。腈纶以短纤维为主，因酷似羊毛，故有"人造羊毛"之称。腈纶具有如下特点：

（1）蓬松、柔软，比羊毛轻。热延伸性优良，适用于制作膨体纱、毛线、针织物和人造毛皮等制品。

（2）腈纶纤维手感柔软丰满，易于染色，色泽鲜艳。

（3）弹性不如羊毛、涤纶等纤维，尤其是反复拉伸后，剩余变形较大。所以用腈纶制作的衣服袖口、领口处易变形。

（4）腈纶的吸湿性低于锦纶，易产生静电和起毛起球。

（5）耐磨性、耐碱性差，所以洗涤时不要用力搓洗，不要用碱性太强的肥皂或洗涤剂。

腈纶的导热系数低、质地轻，所以保暖性好，同时具有极佳的耐晒、防虫蛀和防霉性，广泛用于针织服装，也适于制作窗帘、幕布、帐篷、船帆等室外使用的织物。

4. 丙纶

原料来源丰富，价格低廉，生产工艺简单，发展较快。丙纶具有如下特点：

（1）聚丙烯纤维，比水还轻（是棉纤维的 3/5），是纤维中最轻的。

（2）产品有中等弹性和回复性，不易起皱，不起球。

（3）丙纶染色困难，一般为原液染色。

（4）丙纶纤维的吸湿性极差，但丙纶具有较强的芯吸作用，水汽可以通过纤维中的毛细管来排除，制成服装后，其舒适性较好，特别是丙纶的超细纤维，由于表面积增大，能更快地传递汗水，使皮肤保持舒适感。

（5）丙纶纤维的耐光性、耐晒性特别差，易老化，耐热性也差，100℃以上开始收缩。

（6）吸水性小，耐磨性好，做成的衣服不走样，可用来制成各种针织物、衣料、人造毛皮。还可以用来制作蚊帐布、地毯、帆布、尿不湿等，医学上丙纶可以代替棉纱布，做卫生用品。

（7）丙纶耐酸、耐碱、弹性较好，有优良的电绝缘性和机械性能，工业上大量用来制造绳索、包装材料、渔网、降落伞等。

5. 氨纶

是一种高弹性纤维，国际商品名为 Spandex，1959 年这种纤维诞生于美国杜邦公司，命名为 Lycra（莱卡）。它具有如下特点：

（1）氨纶的弹性高于其他纤维，变形能力大，弹性回复性能好，伸长 500% 时恢复率达 90%。

（2）可染成各种色彩，手感平滑、汲湿性小，强度低于一般纤维，轻而柔软。

（3）有较好的耐酸、碱、光性。

一般很少直接使用裸丝，常以氨纶为芯，而与棉、毛、丝、涤纶、尼龙等仿成包芯纱、包缠纱，织成弹性面料，使织物柔软舒适又合身贴体，而且伸展自如，应用极为广泛，织物中只要含少量氨纶（3%～5%），就能很明显地改善织物的弹性回复能力。

6. 维纶

在服装上应用较少，在工业上应用较多，织物的外观和手感似棉布，弹性不如涤纶等合成纤维，织物易起皱，染色性能较差，但其含湿性优于其他合成纤维，比重和导热系数较小，穿着轻便保暖，强度和耐磨性能较好，有优良的耐化学品、耐日光、耐海水等性能。

7. 氯纶

化学名称是聚氯乙烯纤维，是将聚氯乙烯溶于丙酮和苯的混合剂或纯丙酮溶剂中，纺丝成型的。具有以下特点：

（1）化学稳定性好，耐强酸强碱，遇火不燃烧，因此常被用来作为化工厂的滤布、工作服、安全帐幕，以及民用的窗帘、地毯、家具上的覆盖材料等。

（2）氯纶的保暖性很好，比棉花高 50%，比羊毛高 10%—20%，用它的短纤维做成的絮棉很受欢迎。

（3）氯纶还有一种奇妙的特性，它的带静电作用很强，再加上它良好的保暖性，所以贴身穿氯纶织物，对于患有风湿性关节炎的人有一定的疗效。

（4）缺点是耐热性差，沸水收缩率大，染色也较困难。

（二）沙发布料

1. 棉布沙发布

棉是一种天然的原材料，它所制作出来的物品触摸起来都是十分柔软、舒适。它的制作工艺流程是先把棉花采摘处理后，再经过轧棉、梳棉、拼条、精梳、粗纺、精仿和棉纱等，最后再把棉纱织成棉布。这种由纯棉制成的沙发布具有吸湿性强、保暖性好、舒适性高、柔软性好、透气性好和不伤身体可直接接触皮肤等优势。比较适合于家里有小孩的家庭使用。

2. 涤纶沙发布

涤纶其实是一种化学纤维，又叫作尼龙和耐纶。它由于是一种纤维物质，所以由涤纶所制作出来的沙发布具有强力好、耐磨性好、极具弹性且不易变形等优点。如图 5-57 所示。

3. 涤棉混合沙发布

这种由纯棉与涤纶混合起来所制作出的沙发布，是集合了棉布的优点，又加入了涤纶的优点，这样

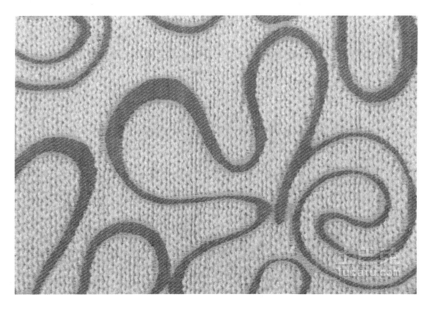

图 5-57　涤纶沙发布

所制作的涤棉沙发布具有尺寸稳定、不易缩水、韧性好、不易褶皱、容易洗净和干燥迅速等优点。

4. 高密 NC 布沙发布

高密 NC 布是一种比较特殊的织物，它是采用涤纶或是棉纱混合纺织而成的一种布。它的经纬线相比较于纯棉或是涤纶布要更为大，所以它的织法一般是采用平级。这种布的优点是不易磨损、触感好、柔软舒适和它在清洗方面很方便容易。如图 5-58 所示。

图 5-58　高密 NC 混纺沙发布

5. 3m 防水磨丝布

这种布最为受欢迎，它是利用现代的高科技而制成的一种以超细纤维作为它的原材料再经过细细的编织而成的高密度织物。利用这种织品制造出来的沙发布的触感可与纯棉织物所制作出来的沙发布相比，该织品手感柔软细腻、光滑舒适，布身十分蓬松有弹性和具有很好的防水性，另外，它的透气性和透湿性也很好。

（三）皮革面料

皮革是经脱毛和鞣制等物理、化学加工所得到的已经变性不易腐烂的动物皮。革是由天然蛋白质纤维紧密编织构成，表面附有一种特殊的粒面层，具有自然的粒纹和光泽，手感舒适的人造材料。

牛皮是软体家具生产的主要材料，牛皮可进行多层分割，最外层的为头层皮，质量最好，次之为二层皮，其强度、弹性和透气性都不如头层皮。

头层皮：由又密又薄的纤维层及与其紧密连在一起的稍疏松的过渡层共同组成，具有良好的强度、弹性和工艺可塑性等特点。皮面有自然的疤痕和血筋痕等原始的皮肤特征，偶尔还有加工过程中的刀伤以及利用率极低的肚腩部位。如图 5-59 所示。

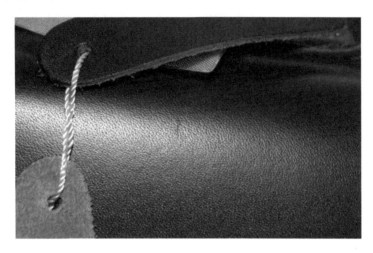

图 5-59 头层皮

二层皮：是纤维组织较疏松的部分，也就是真皮的下面一层。经化学材料喷涂或覆上薄膜加工而成，二层皮只有疏松的纤维组织层，只有在喷涂化工原料或抛光后才能用来制作皮具制品，它保持着一定的自然弹性和工艺可塑性的特点，但强度较差。如图 5-60 所示。

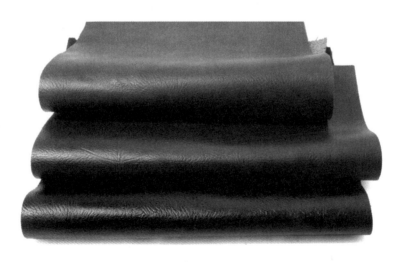

图 5-60 二层皮

再生皮：是将各种动物的废皮及真皮下脚料粉碎后，再调配化工原料加工而成。其特点是皮张边缘较整齐、利用率高、价格便宜；但皮身一般较厚，强度较差。如图 5-61 所示。

一般家具沙发用的都是再生皮或二层皮。

图 5-61　再生皮

五、任务实施

（一）工作准备

材料准备：

纺织面料小样：棉布、麻布、毛料、丝绸、化纤尼龙、化纤涤卡、棉麻混纺、棉丝混纺、莱卡面料等。规格 300×300，并编号 01～09。

皮革小样材料：头层皮、二层皮、再生皮、PU 皮、PU 革、PVC 人造革、猪皮、小牛皮、羊皮、貂皮等，并编号 01～10。

工具准备：剪刀、火机等

（二）任务实施

1. 纺织面料的识别与应用

根据材料编号，准确识别材料，并将材料名称、特点及应用填写在相应的表格中。

表 5-13　纺织面料的识别与应用

年　　月　　日

编号	面料名称	主要特点描述与应用
01		
02		
03		
04		
05		
06		

（续表）

编号	面料名称	主要特点描述与应用
07		
08		
09		
总结——纺织面料的识别方法：		

制表人：

2. 皮革面料的识别与应用

根据材料编号，准确识别材料，并将材料名称、特点及应用填写在相应的表格中。

表 5-14　皮革面料的识别与应用

年　　月　　日

编号	面料名称	主要特点描述与应用
01		
02		
03		
04		
05		
06		
07		
08		
09		
10		
总结——皮革面料的识别方法：		

制表人：

（三）成果提交

（1）纺织面料的识别与应用表。

（2）皮革面料的识别与应用表。

（3）成果认定：提交成果按百分制评定成绩，分为准确性、完整性、综合素质三个方面评价。

正确性：占总分的50%，考核学生完成任务的正确程度。

完整性：占总分的40%，考核学生完成任务的圆满程度，是否完成所有任务。

综合素质：占总分的10%，考核学生文明施工、爱护环境等综合素质。

六、知识拓展

PU皮：也称超纤皮，全称是"超细纤维增强皮革"。超纤皮是最好的再生皮，皮纹与真皮十分相似，手感如真皮般柔软，外人也很难分辨是真皮还是再生皮。一般以牛皮的第二层皮料为底料，表面涂上一层 PU 树脂，所以也称贴膜牛皮。超纤皮，属于合成皮革中的一种新研制开发的高档皮革，它具有极其优异的耐磨性能，优异的透气、耐老化性能，柔软舒适，有很强的柔韧性以及现在提倡的环保效果，已成为代替天然皮革的最理想选择。

人造革：一种类似皮革的塑料制品。通常以织物为底基，在其上涂布或贴覆一层树脂混合物，然后加热使之塑化，并经滚压压平或压花，即得产品。近似于天然皮革，具有柔软、耐磨等特点。根据覆盖物的种类不同，有聚氯乙烯人造革（PVC）、聚氨酯人造革（PU）等。几乎可以在任何使用皮革的场合取而代之，用于制作日用品及工业用品。

PU 革：人们习惯将用 PU 树脂为原料生产的人造革称为 PU 人造革（简称 PU 革）；用 PU 树脂（面层）与无纺布（底层）为原料生产的人造革称为 PU 合成革（简称合成革）。

聚氨酯泡沫：聚氨酯是聚氨基甲酸酯的简称。聚氨酯泡沫是以异氰酸酯和聚醚为主要原料，在发泡剂、催化剂、阻燃剂等多种助剂的作用下，通过专用设备混合，经高压喷涂现场发泡而成的高分子聚合物。

聚氨酯泡有软泡和硬泡两种，软泡为开孔结构，硬泡为闭孔结构；软泡又分为结皮和不结皮两种，常用于沙发家具、枕头、坐垫、玩具、服装和隔音内衬；硬泡是一种具有保温与防水功能的新型合成材料。

聚氨酯泡沫塑料应用范围十分广泛，聚氨酯软泡主要应用于家具、床具及其他家用品，如沙发和座椅、靠背垫、床垫和枕头；聚氨酯硬泡主要用于绝热保温，冷藏冷冻设备及冷库，绝热板材，墙体保温，管道保温，单组分泡沫填缝材料（泡沫胶）等。

几种常见真皮鉴别：

猪皮：普通猪光面表面有光泽，一般表面是三角形，非常柔软，腻腻的。一般用来做大衣、手袋较多。

羊皮：皮板轻薄，手感柔软，细腻，呼吸孔小，凹凸的颗粒不太均匀，多数是扁扁的椭圆形。价格档次比猪皮好。

牛皮：牛皮比其他的皮要厚，要耐用，呼吸孔细小，面上颗粒饱满，结实，一般做皮带、皮鞋、手袋、钱包较多。

水貂裘革：这类皮档次较高，价格比较贵，但是手感绝对很棒。比较油滑，更加细腻。

一般来说，皮革表面毛孔的粗细、疏密和分布情况是区分牛皮、猪皮、马皮和羊皮的主要依据。

七、巩固练习

1. 名词解释

（1）人造纤维

（2）合成纤维

（3）天然纤维

（4）超细纤维

2. 简答题

（1）比较 PU 皮与 PU 革？

（2）如何鉴别常见的真皮？

（3）常用布艺沙发面料的种类与特点？

3. 分析论述题

比较布艺沙发、真皮沙发和木沙发的性能特点与使用？

任务五　家具胶粘剂的选择与使用

一、任务描述

胶粘剂是家具制造必不可少的重要辅料之一。掌握胶粘剂的种类与性能特点，具有正确分析胶粘剂使用性能的专业知识，具有正确选择和使用胶粘剂的专业技能，对一个家具生产和管理者来说都是十分重要的。这就是设计该任务的目的。

二、学习目标

知识目标：

(1) 掌握胶粘剂的构成、种类及性能特点。

(2) 具有分析胶粘剂使用性能的专业知识。

能力目标：

(1) 能够正确选择和使用胶粘剂

(2) 能够正确分析各种人造板的性能特点。

三、任务分析

课时安排：4 学时。

知识准备：胶粘剂的组成、种类与性能特点；胶粘剂的选择和使用。

任务重点：家具胶粘剂的选择和使用。

任务难点：家具胶粘剂的选择和使用。

任务目标：能正确根据所粘接的材料、要求及使用情况，选择合适的胶粘剂，并具有分析所选用胶粘剂性能特点的专业知识。

任务考核：分胶粘剂的选择和使用、胶粘剂性能特点描述两部分考核，各占 50 分，总分 60 分以上考核合格。

四、知识要点

（一）胶粘剂的组成

胶粘剂是家具生产必不可少的材料之一，榫接合、板材饰面、板块封边、实木拼接等都需要使用胶粘剂。

胶粘剂主要由两部分组成。

(1) 主体材料：也称基料、粘料，是胶粘剂的核心成分，起黏合作用，具有良好的粘附性和湿润性。

(2) 辅助材料：是改善黏合性能、施工性能和使用性能的各种添加剂。如稀释剂、固化剂、增塑剂、防老剂、防霉剂、填料和助剂等。

（二）家具生产常用胶粘剂的种类、特性及应用

1. 脲醛树脂胶（UF）

脲醛树脂胶是由尿素和甲醛在催化剂作用下经加成和缩聚反应制成的水分散型胶粘剂，根据其固化温度的不同，分为冷压胶（常温固化）和热压胶（高温固化）两种。这种胶具有如下特点：

（1）大分子结构中含有大量的羟甲基和酰胺基，易溶于水并有较好的胶粘性能。

（2）黏结强度好，中等耐水性，仅限于室内使用。

（3）胶液无色透明或乳白色，固化后胶层也没有颜色，对制品表面不形成污染。

（4）热压温度低，固化时间短，冷压、热压均能固化，使用方便。

（5）耐热、耐腐蚀、耐光照电绝缘性较好。

（6）脲醛胶在使用过程中，存在游离甲醛污染问题。但产品经过聚乙烯醇、三聚氰胺等改性后均达到国家 E0、E1、E2 的环保标准。

（7）应用时，加入氯化铵固化剂，加入量为胶夜的 0.2%～1.5%，能加速脲醛胶的固化。

（8）加入苯酚、间苯二酚、三聚氰胺树脂与其共聚或共混，能有效提高其耐水性。

（9）与白乳胶（聚醋酸乙烯酯乳液）可以构成两液胶，用于快速固化拼板。

脲醛树脂胶成本低廉、操作简单、性能优良。是木材加工人造板生产主要的胶粘剂，用于胶合板、刨花板、多层板、纤维板、贴面板、集成材、科技木等生产。

2. 白乳胶（PVAC）

白乳胶或简称 PVAC 乳液，化学名称聚醋酸乙烯胶粘剂，是由醋酸与乙烯合成醋酸乙烯，添加钛白粉（低档的就加轻钙、滑石粉等粉料），再经乳液聚合而成的乳白色稠厚液体。它是以水为分散介质进行乳液聚合而成的一种单组分水性环保胶。它具有如下特点：

（1）白乳胶常温固化、粘接强度较高，韧性好、耐久且不易老化等一系列优点。

（2）干燥较快、初粘性好、操作性佳。

（3）固化后的胶层无色透明，耐稀碱、稀酸，且耐油性也很好。抗压强度高、耐热性强。

（4）乳液稳定性好，储存期可达半年以上。

（5）为单组分的黏稠液体，以水为分散剂，使用安全、无毒、不燃、清洗方便，不污染被粘接物。

白乳胶广泛应用于木材、家具、装修、印刷、纺织、皮革、造纸等行业，已成为人们熟悉的一种黏合剂。

3. 橡胶型胶粘剂

橡胶类胶粘剂是以合成橡胶或天然橡胶为原材料制成的单组分胶粘剂。常用的有氯丁橡胶胶粘剂和丁腈橡胶胶粘剂。

由于橡胶是一种弹性体，变形性高达数倍。利用橡胶这一性质配制的胶粘剂具有如下特点：

（1）柔韧性优良，具有优异的耐蠕变、耐挠曲、耐冲击振动的特性。

（2）极性好，对极性材料具有良好的黏合性能。

（3）常温不硫化，也具有较高的内聚强度和粘接强度。

（4）具有优良的耐候、耐油、耐燃、耐高温等性能。

（5）胶层弹性好，抗冲击强度、抗剥离强度好。

（6）初粘性好，只需接触压力便能很好地黏合，特别适合于形状特殊的表面的粘接。

（7）涂覆工艺性好，施工简单。

（8）耐热性、耐寒性较差。

（9）储存稳定性较差，容易分层、凝胶和沉淀。

橡胶型胶粘剂广泛用于家具制造，适合于塑料与木材的粘接。粘接后的材料不适合油漆涂饰，因为油漆中的稀释剂能再次溶解橡胶型胶粘剂，导致开胶、鼓泡等质量缺陷。

4. 热熔胶

热熔胶是指在加热熔化状态下进行涂布，冷却快速固化而实现胶接的一种无溶剂型胶粘剂。家具和木材工业常用的热熔胶有以下几种：

（1）乙烯-醋酸乙烯酯共聚树脂热熔胶（EVA）：是目前用量大、使用广泛的一类热熔胶。

（2）乙烯-丙烯酸乙酯共聚树脂热熔胶（EEA）：使用温度范围较宽，热稳定性较好、耐应力开裂性较 EVA 好。

（3）聚酰胺树脂热熔胶（PA）：高性能热熔胶，软化点范围窄，能快速熔化或固化，具有较高的胶接强度，良好的耐化学性，优良的耐热、耐寒性。

（4）聚酯树脂热熔胶（PES）：高性能热熔胶、耐热性及热稳定性较好，初粘性和胶接强度较高。

（5）聚氨酯系反应型热熔胶（PU－RHM）：是熔融后通过吸湿产生交联而固化的一种热熔胶，具有粘接快速、初粘性好，胶接强度高，胶层耐热，低污染的特性。这种热熔胶特别适合木材的粘接，因木材中含有水分的，水分向表面散发，湿润性好，反应程度大，胶接强度大。

热熔胶胶合迅速，适合于连续化生产，不含溶剂，无毒无害、无火灾危险。且能反复熔化和胶接，在木材和家具企业中，广泛用于单板拼接、薄木拼接、板件装饰贴面、板件封边、榫接合、V 形槽折叠胶合等。

（三）家具胶粘剂的选择和使用

材料的胶合是一个复杂的过程，材料的胶合强度与被胶合的材料、胶粘剂本身以及粘接工艺、使用环境都有关系。选择胶粘剂也就应该从这些方面分析和考虑。

（1）根据胶粘剂的性能特点选择合适的胶种：胶粘剂本身的性能特点决定了它适合粘接的对象，胶粘剂的固体含量、固化时间、固化条件等决定其黏合工艺，胶粘剂的粘接机理及成分的稳定性决定其使用条件。所以选择和使用胶粘剂首先应考虑其本身。

（2）根据被胶合的材料选择胶粘剂：分析被粘接材料的类别、极性、含水率、粘接方向及使用环境等因素，选择合适的胶粘剂。如塑料与木材是两种不同性质的材料，就不能选择白乳胶黏合。

（3）根据粘接品的使用要求选择：如粘接强度、耐水性、耐热性、耐久性、耐腐蚀性等。如薄木粘贴后表面做油漆涂饰，就不能选用氯丁橡胶型胶粘剂，因为油漆中的溶剂能够溶解氯丁胶，导致薄木脱胶鼓泡。

（4）根据粘接的工艺条件进行选择：如施工环境、机械设备、工艺规程等。

（5）根据粘接的经济成本进行选择：如胶粘剂的价格、胶粘剂的规格、胶合条件、生产规模等。

五、任务实施

（一）工作准备

材料准备：准备 300×50×18 的木材样板 4 块、规格 300×200 的三聚氰胺浸渍纸饰面刨花板（18mm 厚）2 块、三聚氰胺浸渍纸饰面中纤板板（18mm 厚）2 块、细木工板（18mm 厚）3 块、耐火板（0.7mm 厚）2 块、3mm 厚薄木饰面胶合板 2 块、铝塑板（3mm 厚）2 块等，22×2 的 PVC 封边条一卷。

胶粘剂：白乳胶、氯丁橡胶胶粘剂、热熔胶、冷压脲醛树脂胶。

设备：直线全自动封边机或手动曲线封边机。

（二）任务实施

1. 两液胶拼板实验

（1）取木材 300×50×18 样板 4 块，将拼接的两条侧边刨光。

（2）取其中 3 块板，在拼接侧边处涂白乳胶，另一块拼接处侧边涂脲醛树脂胶。

（3）拼板：分两组拼板，A 组是两块涂白乳胶的相拼，B 组是涂白乳胶的一块与涂脲醛胶的一块相拼。拼接后平放。

（4）比较两组胶拼件的固化时间，并填写表 5－15。

表 5－15　木材胶拼性能测试结果记录表

年　　月　　日

组别	胶干时间	胶拼件性能观察与检测
A 组		
B 组		
实验结论（两液胶的原理及特点）：		

记载人：

2. 热熔胶封边实验

利用封边机将所提供的 PVC 封边条封贴在三聚氰胺浸渍纸饰面刨花板（2 块，编号 A、B）、三聚氰胺浸渍纸饰面中纤板上（1 块，编号 C、D），通过剥离试验，检测黏合强度（大小描述），并填写表 5－16。

表 5－16　热熔胶封边性能测试结果记录表

年　　月　　日

编号	封边时间（S）	热熔胶温度（℃）	热剥离强度	冷剥离强度	备注
A					
B					
C					
D					
实验结论（热熔胶封边的原理及特点）：					

记载人：

3. 薄木饰面胶合板、耐火板、铝塑板贴面实验

取细木工板基材样板三块，在三块基材上分别粘贴薄木饰面胶合板、耐火板、铝塑板（两面分别选不同的胶粘贴）。分两个方面考核，一是选择胶粘剂，二是通过实验检测黏合强度，确定合适的胶粘剂，并总结常用胶的性能特点与应用，填写表 5－17。

表 5-17　胶粘剂的选择与性能测试结果记录表

年　　月　　日

面材	基材	选用的胶粘剂	剥离试验	实验结论
薄木饰面胶合板	细木工板			
耐火板	细木工板			
铝塑板	细木工板			
实验总结（常用胶的性能特点与应用）：				

记载人：

（三）成果提交

（1）木材胶拼性能测试结果记录表。

（2）热熔胶封边性能测试结果记录表。

（3）胶粘剂的选择与性能测试结果记录表。

（4）成果认定：提交成果按百分制评定成绩，分为准确性、完整性、综合素质三个方面评价。

正确性：占总分的 50%，考核学生完成任务的正确程度。

完整性：占总分的 40%，考核学生完成任务的圆满程度，是否完成所有任务。

综合素质：占总分的 10%，考核学生文明施工、爱护环境等综合素质。

六、知识拓展

其他胶粘剂：

（一）酚醛树脂胶（PF）

酚醛树脂胶是由酚类（苯酚、甲酚及间苯二酚等）与醛类（甲醛及糠醛等）在碱性或酸等介质中，加热缩聚形成有一定黏性的液体树脂，又称初期酚醛树脂或称可溶性树脂。此种黏液又在一定条件下继续缩聚，最终形成不溶解、不熔化的固体树脂，又称末期酚醛树脂或不熔性酚醛树脂。

酚醛树脂可制成下列三种状态的胶：

（1）液状酚醛树脂前胶：它是有一定黏性的初期酚醛树脂。能在碱性水溶液和酒精中溶解，前者称为水溶性酚醛树脂，后者为醇溶性酚醛树脂。干燥可为固体，加热又可为液体。初期酚醛树脂加热或长期贮存以及加入硬化剂，则缩聚反应继续进行，最后形成不溶不熔的坚硬固体。

（2）粉状酚醛树脂胶：它是初期酚醛树脂胶经干燥制成的粉末。粉状胶贮存期较长，运输方便，但成本较高，使用时加入溶剂调成胶液。

（3）酚醛树脂胶膜：把初期的酚醛树脂浸或涂于纸张，经干燥而成的胶纸膜。也可不经干燥制成湿状胶纸膜。干状胶膜有一定贮存期，使用方便，但成本较高。

初期的酚醛树脂胶，可加热使树脂固化，也可调节树脂的酸碱度在室温下固化，前者为热固，后者为冷固酚醛树脂胶。

酚醛树脂胶具有胶合强度高，耐水性强，耐热性好，化学稳定性高及不受菌虫的侵蚀等优点。缺点是颜色较深和胶层较脆。由于酚醛树脂胶具有上述特点，因此，此胶适用于制造室内外使用的各种人造板及胶合强度极高的各类木材制品上。

（二）三聚氰胺甲醛树脂胶（MF）

三聚氰胺甲醛树脂胶是由三聚氰胺树脂与甲醛经加成缩聚反应的产物，是一种较为重要的氨基树脂。简称三聚氰胺树脂胶。

三聚氰胺树脂胶是氨基树脂胶的一种，它包括三聚氰胺甲醛树脂胶和三聚氰胺尿素甲醛树脂胶，该胶黏剂的耐热性和耐水性都高于酚醛树脂和脲醛树脂胶黏剂。具有较大的化学活性，固化快且不需要加固化剂，即可加热固化和常温固化。三聚氰胺本身熔点高，故产品的热稳定性能好。

三聚氰胺甲醛树脂胶具有如下一些特点：

（1）硬度大，粘接强度高，耐磨性好。

（2）耐水性优异，尤其是耐沸水性。

（3）耐热、耐高温、耐老化性好。

（4）耐化学药品、耐一般的酸碱盐，电绝缘性较好。

（5）可室温或加热固化，不加固化剂加热可固化。

（6）固化后的胶层无色透明，富有光泽，无毒难燃。

（7）脆性较大，较易开裂。

（8）稳定性较差，储存周期短，价格较贵。

三聚氰胺树脂胶由于价格较高，一般用于制造塑料贴面板即耐火板、木纹浸渍纸，广泛用于家具、人造板、地板的表面装饰。

（三）环氧树脂胶（E）

环氧树脂胶是指由含两个以上环氧基团的环氧树脂和固化剂组成的双组分胶粘剂。因其具有许多优异的特性，如粘接性好、胶粘强度高、收缩率低、尺寸稳定、电性能优良、耐化学介质、适应性较强、毒性很低、危害也小、不污染环境等，对多种材料都具有良好的胶粘能力，被誉为有"万能胶"和"大力胶"。

环氧树脂胶黏剂的基本成分是环氧树脂和固化剂，根据不同性能的要求，还可包括增韧剂、增塑剂、稀释剂、促进剂、抗氧剂、填充剂、偶联剂等。

环氧树脂胶具有如下特点：

（1）基本特性：双组分胶水，需 AB 混合使用，通用性强，可填充较大的空隙。

（2）操作环境：室温固化，室内、室外均可，可手工混胶也可使用 AB 胶专用设备，如 AB 胶枪。

（3）适用温度一般都在−50℃至＋150℃。

（4）适用于一般环境，防水、耐油，耐强酸强碱。

（5）放置于避免阳光直接照射的阴凉地方，保质期限 12 个月。

环氧树脂胶又分为软胶和硬胶。

（1）环氧树脂软胶

它是一种液型、双组分、软性自干型软胶，无色、透明、具有弹性，轻度划擦表面即自行恢复原形。

适用于涤纶、纸张、塑料等标牌装饰。

（2）环氧树脂硬胶

它是一种液型、双组分硬性胶，无色、透明，适用于金属标牌，同时可制作各种水晶纽扣、水晶瓶盖、水晶木梳、水晶工艺品等高档装饰品。

（四）间苯二酚树脂胶

间苯二酚树脂胶是由含醇的线性间苯二酚树脂液体和一定量的甲醛在使用时混合而成。间苯二酚树脂胶可用于热固化和常温冷固化。其耐水、耐候、耐腐、耐久以及胶接性能等极其优良，主要用于特种木质板材、建筑木结构、胶接弯曲构件、指接材或集成材等木制品的胶接。

（五）聚氨酯树脂胶

聚氨酯胶粘剂是以聚氨基甲酸酯（简称聚氨酯）和多异氰酸酯为主体材料的胶粘剂的统称。按其组成的不同，可分为以下四类：

（1）多异氰酸酯胶粘剂：以多异氰酸酯单体小分子直接作为胶粘剂使用，是聚氨酯胶粘剂早期的产品。因其毒性大、柔韧性差，已很少单独使用。

（2）封闭性异氰酸酯胶粘剂：可制成水溶液或乳液（水分散性）胶粘剂。

（3）预聚体型聚氨酯胶粘剂：该预聚体具有较高的极性和活性，对多种材料具有极高的粘接性能。既可以制成单组分湿气固化型胶粘剂，也可以制成双组分反应型胶粘剂。

（4）热塑性聚氨酯胶粘剂：该胶粘剂胶层柔软，易弯曲和耐冲击，具有较好的初粘性，但黏合强度较低，耐热性较差。一般为溶剂型胶粘剂，用于PVC、ABS、橡胶、塑料、皮革的粘接。

聚氨酯胶粘剂具有高度的极性和活性，既可以胶接多孔性的材料，也可以胶接表面光洁的材料。既可加热固化，也可室温固化。胶层韧性、弹性和耐疲劳性、耐低温性好，操作性能良好，已在木材和家具工业中得到重视和广泛用于制造木质人造板、单板层积材、指接集成材、各种复合板和表面装饰板等。

（六）蛋白质胶

蛋白质胶粘剂是以含蛋白质的物质（植物蛋白和动物蛋白）为主制成的一类天然胶粘剂。主要有皮骨胶、鱼胶、血胶、豆胶、干酪素胶等。

（1）皮骨胶：是用牲畜的皮、骨、腱和其他结缔组织为原料经加工制成的一种热塑性胶。可用于木材、家具、乐器和体育用品的粘接。

（2）鱼胶：有鱼头、鱼骨和黄鱼肚为原料制成的胶粘剂，类似于皮骨胶，用于乐器、红木家具的粘接。

（3）血胶：以动物的血清蛋白制成的胶粘剂，可用于热压胶合。因其性能较差已不再使用。

（4）豆胶：以大豆为原料制成的植物蛋白胶，固化后胶层的耐水和耐腐性差，可用于生产包装胶合板和包装盒。

蛋白质胶在干燥时具有较高的胶接强度，可用于家具和木制品生产。由于其耐热性和耐水性差，目前已被聚醋酸乙烯酯乳液胶等合成树脂胶所代替。

七、巩固练习

1. 名词解释

（1）基料

（2）稀释剂

（3）剥离强度

2. 简答题

（1）简述白乳胶的性能特点与应用？

（2）简述氯丁橡胶型胶粘剂的性能特点与应用？

（3）简述热熔胶封边的优点？

3. 分析论述题

（1）分析脲醛树脂胶的性能特点及减少游离甲醛含量的有效措施。

（2）分析三聚氰胺甲醛树脂胶的性能特点及应用？

主要参考文献

1. 吴智慧. 木质家具制造工艺学. 北京:中国林业出版社,2007

2. 符芳. 建筑装饰材料. 南京:东南大学出版社,1994

3. 李栋. 室内装饰材料与应用. 南京:东南大学出版社,2012

4. 国家标准 GB/T18107—2000《红木》

5. 国家标准《中密度纤维板》(GB/T11718—2009)

6. 国家标准《刨花板》(GB/T4897—2015)

7. 国家标准《细木工板》(GB/T5849—2006)

8. 行业标准《集成材 非结构用》(LY/T1787—2008)

9. 国家标准《室内装饰装修材料人造板及其制品中甲醛释放量》(GB/T18580—2015)

10. 国家标准《普通胶合板》(GB/T9846—2015)

11. 李婷,梅启毅. 家具材料. 北京:中国林业出版社,2016

12. 刘鹏. 中国现代红木家具. 北京:中国林业出版社,2014

13. http://www.hettich.com

14. http://www.topcent.com

15. https://oppein.tmall.com

16. https://item.taobao.com/item.htm? spm=a1z10.5-c.w4002-5661476095.29.2hjuia&id=38698483622

17. https://item.taobao.com/item.htm? spm=2013.1.0.0.9AXdrT&id=529097599101

18. https://item.taobao.com/item.htm? spm=a1z10.5-c.w4004-1770812311.2.6YsBEu&id=533120872154

19. https://shop108910461.taobao.com/category-880184007.htm? spm=a1z10.1-c-s.w5002-98156 48688.6.F8rYxJ&search=y&catName=%C4%BE%B2%C4%D4%AD%C4%BE+%D4%AD%C4% BE%C1%CF

20. https://shop113400251.taobao.com/? spm=a230r.7195193.1997079397.2.Onz0FY.

21. https://shop110256290.taobao.com/? spm=a230r.7195193.1997079397.58.Onz0FY

22. https://shop36444953.taobao.com/? spm=a230r.7195193.1997079397.131.Onz0FY

23. https：//shop115190672. taobao. com/? spm＝a230r. 7195193. 1997079397. 168. Onz0FY

24. https：//shop125278585. taobao. com/index. htm? spm＝a1z10. 1-c. w5002-11362968758. 2. LRQ36S

25. https：//wood007. taobao. com/category-1063522873. htm? spm＝2013. 1. w4010-14703823712. 40. xgUtyx&.search＝y&.parentCatId＝1063522870&.parentCatName＝％C4％BE％C1％CF％C6％B7％D6％D6％B7％D6％C0％E0&.catName＝％BB％C6％D1％EE％C4％BE♯bd

26. https：//item. taobao. com/item. htm? spm＝a1z10. 1-c. w4004-594677297. 2. RHOuvs&.id＝44431967072

27. https：//shop107550439. taobao. com/? spm＝a230r. 7195193. 1997079397. 37. LkoHXe

28. http：//www. wilsonart. com. cn/

29. http：//gouwu. sogou. com/compare? sourceid＝plugin&.adsUrl＝http：//item. taobao. com/item. htm? id＝533669715999&.p＝7515150401&.query＝-200&.isads＝0&.cateid＝755；777；782&.clf＝3&.mp＝1